钩编创新
设计与工艺

周建　杨旭　著

中国轻工业出版社

图书在版编目（CIP）数据

钩编创新设计与工艺 / 周建，杨旭著. —北京：中国
轻工业出版社，2021.7
ISBN 978-7-5184-3270-7

Ⅰ.①钩… Ⅱ.①周… ②杨… Ⅲ.①钩针—编织—图集
②绳结—手工艺品—制作 Ⅳ.①TS935.521—64 ②TS935.5

中国版本图书馆CIP数据核字（2020）第226190号

责任编辑：李 红 徐 琪　　责任终审：劳国强　　整体设计：锋尚设计
策划编辑：徐 琪　　　　　责任校对：晋 洁　责任监印：张 可

出版发行：中国轻工业出版社（北京东长安街6号，邮编：100740）
印　　刷：艺堂印刷（天津）有限公司
经　　销：各地新华书店
版　　次：2021年7月第1版第1次印刷
开　　本：787×1092　1/16　印张：7.5
字　　数：150千字
书　　号：ISBN 978-7-5184-3270-7　定价：39.80元
邮购电话：010-65241695
发行电话：010-85119835　传真：85113293
网　　址：http://www.chlip.com.cn
Email：club@chlip.com.cn
如发现图书残缺请与我社邮购联系调换
190623S6X101ZBW

前　言

　　钩编艺术，在人类长期的劳动实践中不断得以创造和发展。它是人类文明特有的文化精髓，是世代劳动人民的智慧结晶，至今依然在历史长河中散发着璀璨的光芒。

　　从结网捕鱼、结绳记事，到如今高端品牌对手工艺术的青睐与推崇，经历数次时尚变迁，钩编艺术最终又以其质朴低调的形象回到了潮流的前端。

　　第一章从编结与钩针的历史渊源开始写起，让读者在了解编结的文化发展之后，对传统手工艺产生兴趣，接着分两个部分介绍编结与钩针的工艺步骤与创新设计方法。

　　第二章首先详细介绍了编结所需的工具与材料；其次，用详尽的图示和简练的文字介绍16种编结基础结法，通过手链和项链的具体工艺设计来阐述编结的运用方法。

　　第三章主要介绍进阶的编结工艺手法，分别从中国结、壁饰、编结包三方面诠释编结成品的创新设计方法。

　　第四章主要介绍钩针编织的12种基础针法，也是从材料和工具的选择开始写起，之后分别从钩针包、披巾两个品类介绍钩针的编织步骤，通过实物作品工艺步骤来解析钩针产品设计的方法与思路，为钩针初学者或钩针爱好者提供创作参考。

　　第五章是大量钩编实践作品彩图，大部分作品为本书作者在坚持原创中逐渐积累，小部分作品来源于学生课堂作业和比赛作品，旨在为学习者提供丰富学习参考素材的同时，给予其传统文化艺术的视觉享受。

　　时光荏苒，斗转星移，经过历史的惊涛留下的是对古老钩编艺术的敬畏与尊重。源于初心的驱使，作者希望把这些许的技艺与经验得以传承和发展。书稿汇聚了作者多年实践经验，几经周折，数易其稿，经过多次推敲斟酌，终与读者见面。

书稿得以出版非常感谢广东白云学院的大力支持，也非常感谢使书稿内容更加丰富的学生们，相信他们的作品和创作手法在老师们的指导和修改下会变得更加成熟。本书内容尚有一些不足之处，望广大业内人士批评指正，深表感谢！

作者

目　录

第四章

钩针基础与成品设计工艺

第五章

钩·编创新设计与成品分析

第一章

概说编结与钩针艺术

　　编结与钩针艺术，从古至今在人类长期的劳动实践中不断得以创造和发展。它是古人劳动和智慧的结晶，积淀着人类文明特有的文化精髓，至今依然在历史长河中闪烁着迷人的光彩。

第一节　编结与钩针艺术的历史渊源

　　编结和钩针艺术是古老而又有巨大应用潜力的手工艺术，二者在造型和风格上有许多共通之处，其组织结构灵活多变，可塑性强，可以突破款式和规格的限制达到极限造型，有着传统工艺独特的艺术效果和实用价值。

一、编结艺术的历史渊源

　　编结艺术是手工或者借助辅助工具以一段或多段细长条状物弯曲盘绕、纵横穿插组织的一种工艺手法。不同的原材料和不同的编结方法编制成的饰品具有不同的肌理和质感，外观各具特色。

1. 捆系物品、结网捕鱼——上古时期粗放的编结方法

　　中国编结艺术的出现比文字还早，可谓源远流长。它是人类早期文化中最古老的艺术之一，是人类对自然界柔性材料较早的尝试和运用。早在上古时期，原始人尚处在茹毛饮血的生存状态下，当他们采来草、藤、竹拧扭交叉，用于穿系、捆扎果实和猎物时，最原始的编结就产生了。从使用绳结捆绑制造弓箭、石枪等工具，到用绳编结成网捉鱼捕鸟；从编制筐席柳锅，再到后来制作成御寒的网衣等，编结被大量地使用于一系列的生产劳动和日常生活中。同时，编结材料也由原来的兽皮、兽筋、草藤发展到植物的表皮。考古发现，在大约距今三万多至两万年的辽宁海城小孤山遗址中出土了制作精

美的骨角制品（图1-1）六件以及穿孔兽牙等装饰品七件；在距今两万七千至一万八千年的北京周口店山顶洞人遗址中出土骨针（图1-2）与多件穿了孔的装饰品（图1-3）。可以推测，先民们已经可以使用动物韧带和植物皮条等线状物连接兽牙、贝壳或者砾石等制成饰物，并通过绳结进行固定。古人不仅发现了绳子的实用功能，还利用绳子装饰自身，美化躯体，潜意识萌发了审美意识。

图1-1 辽宁海城小孤山遗址中发现的骨针
骨针尺寸：长82mm，粗3.1~3.3mm，针孔1.5mm

图1-2 北京周口店山顶洞人遗址出土的骨针（已残）

2. 绳结记事——编结艺术的原始方式

绳结产生在古汉字之前，原始人或部落间以结绳作为记号传递信息或表达思维，才有"大事大结其绳，小事小结其绳"的记载。绳结成为有效的沟通手段，其数量和样式也在需要中增多，部落间争霸与安定也由绳结来完成这一使命，正如《周易·系辞下》说："上古结绳而治，后世圣人易之以书契。"竟达到政治上的"治"，因此绳结在古

图1-3 北京周口店山顶洞人遗址出土的项饰

人心中越来越神圣。中华文字的"神"的读音与"绳"相同不无道理，因而原始人崇拜绳结。可见，古时的结绳记事之法对当时的社会安定和生活都起着非常重要的作用。

绳结曾被用作辅助记忆的工具，也是文字产生的前身。绳结的发明与运用首先解决人类生存的实用功能需求，同时绳结也记录了中华历史与汉字形成的文化功能。

随着人们生产、狩猎等活动的增多，结绳的方式也愈加复杂。实际上，不仅中国古代有结绳记事，世界上还有许多民族都有结绳或类似结绳时期。图1-4（资料是作者周建教授在华盛顿乔治大学纺织博物馆（图1-5）拍摄）中的实物已初见结绳之雏形，体现出古人编结形式之复杂多样。古秘鲁人的结绳法最为出名，且被运用到生活的各方面，结绳的颜色、大小和分布记录了庄稼收成、税收、人口和其他数据。古代鞑靼民族没有文字，调拨军马时以结草为约；古秘鲁人，常用不同颜色、长短不一的绳打成各种各样的结果记录不同的事情，记事的绳结色彩艳丽、结式多样，有的甚至长达数十米；印第安人的记事之绳是以各色贝珠穿成的绳带，由紫色和白色贝珠的珠绳组成的珠带上的条条，或由各种色彩的贝珠组成的带子上的条条，其意义在于一定的珠串与一定的事

图1-4　结绳记事，拍摄于华盛顿乔治大学纺织博物馆　　图1-5　作者周建于华盛顿乔治大学
　　　　　　　　　　　　　　　　　　　　　　　　　　　　　　纺织博物馆留影

实相联系，从而把各种事件排成系列，并使人准确记忆。

3．绳结作为装饰出现在饰物上*

编结物在长期的社会实践中逐渐引发人们的审美关注，使编结日益彰显其审美内涵。印第安人制作的裹腿穗饰是将动物皮切割成长条状，并按照一定的规律将皮条逐一打结，有的还在打结处穿上玻璃珠或骨珠，裹腿穗饰在腿的外侧随意垂下，产生一种独特的装饰效果。

在我国西安半坡新石器时代遗址和浙江余姚河姆渡原始社会遗址出土的陶器上（图1-6），就发现了以八字纹、辫纹、缠结和棋盘格等各种编织图案装饰的纹样，由此推测，当时简单的结绳和缝纫技术应已具雏形。

随着结的出现，解结的工具觿应运而生，并逐渐发展为一种流行装饰。觿是一种类

图1-6　新石器时期编织图案的彩陶

---

* 沈从文，中国古代服饰研究. 上海书店出版社，2017.

似弯曲的兽牙或兽角形状的器物，一端宽大、另一端细尖，《说文解字》释云："觿、佩、角锐，端可以解结"。小觿解小结、大觿解大结，材质以玉石、象牙、骨角等为主。古时着装并无纽扣之类辅料，想要衣服贴体、保暖，要靠衣带来扎系、打结予以固定。在古人衣装上绳结的样式很丰富，有束服之结、也有装饰之结，飘逸的带与美妙的结已成为中国古典服饰的重要组成部分。由于打结、解结是经常的事，以至古人身上常常佩有"觿"这种专门用于解结的工具。我国周代男子就有佩戴玉觿的习俗。夏、商、西周以后，开始注重制作手法的多样和装饰的变化，觿的造型精致美观，多为上层人物所佩用，图1-7为春秋战国时期的玉觿，玉质晶莹剔透，雕刻有精美图案，造型美观。

春秋战国时期流行深衣，常以丝带系扎，配以材质各异的带钩，《史记》记载"满堂之坐，视钩各异"，可推测编织饰物在当时已相当精细并被运用到服饰上。如河南信阳楚墓出土的彩绘木俑（图1-8）描绘了当时人们佩玉打结的式样，湖北江陵也出土了一些系带、腰带等，从这些历史资料都可看出当时的编结风格及熟练技巧。

图1-7　春秋战国时期的玉觿

东晋画家顾恺之所绘《女史箴图》卷（图1-9）反映了当时的社会面貌，画中仕女的腰带上是简易的单翼结饰，此时绳结已经摆脱了实用的局限，以相对独立的审美姿态进入装饰领域。

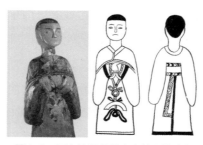

图1-8　河南信阳楚墓出土的彩绘木俑

唐宋期间，编结被大量地运用于服饰和器物中，因其美好的寓意呈明显的兴起之势。唐代铜镜、妆奁盒（图1-10）等器具盛行凤衔绶带纹样，因绶与"寿"同，被认为是长寿健康的象征，亦有同心结、如意结等众多式样。相传为唐朝画家阎立本名作之一的《步辇图》（图1-11）中，唐太宗身后屏风扇柄以及迎风飘展的华盖四角均垂有编结饰物，反映出当时编结工艺已相当成熟、精细。宋代画家苏汉臣的《货郎图》中，货郎担上琳琅满目的物品，很多都系有打着精巧中国结的飘带，

图1-9　（东晋）顾恺之《女史箴图》局部

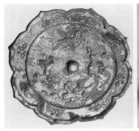

图1-10　唐代凤衔绶带纹样铜镜（左）、五瓣银盒（右）

图1-11　（唐）阎立本《步辇图》局部

图1-12中的小儿头饰和颈饰很多是由编结工艺制作，这反映出宋元时代商品物资的发达以及编结工艺之高超，且已融入普通人民的日常生活。

　　明清时期，我国编结技艺发展到更高的水平，这一时期的编结饰品几乎涵盖了人们生活的各个方面。服饰上的盘扣以及日常生活中的轿子、窗帘、彩灯、帐钩、折扇、发簪、花篮、香袋、荷包、烟袋、乐器、画轴等物品上，都能看到美丽的花结装饰。其样式繁多，配色考究，名称巧妙，令人目不暇接，由衷赞叹。清代著名文学家曹雪芹在《红楼梦》第三十五回中

图1-12　（宋）苏汉臣《货郎图》局部

"黄金莺巧结梅花络"一节有对编结的名称、式样、配色等方面进行详细的描写，有"一炷香、朝天凳、象眼块、方胜、连环、梅花、柳叶"等丰富之名目及多样的用途，由此可知清代编结方法之多样。其中，如方胜、连环、梅花等式样，至今也还是打中国结时常常要用到的基本样式。

4．当代的编结艺术

　　随着社会工业文明的迅速发展以及全球经济一体化的大趋势，逐渐形成强势文化对弱势边缘文化的侵蚀，以致许多传统的民间工艺迅速衰退，其中就包括编结艺术，有些编结技艺在20世纪70至80年代几乎到了失传的边缘。所幸的是，民间的一些老匠人仍保留了部分编结的制作技艺。经过人们长期的总结和发展，现代编结艺术早已不是简单的

传承，它更多地融入了现代人对生活的理解和诠释，在所用的材料、色彩、编结方法、造型等方面也更加讲究装饰性与艺术性，从而使这一古老的民间工艺展现出更加多姿多彩的光芒。尤其是提出"一带一路"建设以来，传统手工艺获得到了很好的发展契机，手工编织等手工艺元素也成为当前炙手可热的时尚宠儿。如图1-13的服装即为纯手工编结作品，采用基本的编结技法，融入创新的设计理念，设计制作出的服饰受到人们的喜爱。

图1-13　手工编结连体衣（左）、手工编结马甲（右）

二、钩针艺术的历史渊源

钩针工艺是以钩针为主要工具进行编织的，以一种特殊的线圈结构为基础，用一根纱线在线圈与线圈之间环绕组编，从而形成各种纹样和图形。通常以毛线等各类线材进行编织，所用材料以化学纤维和天然纤维为主。钩针编织强调的是精致玲珑而又富于立体感的一种编织效果，是目前任何现代纺织技术都无法取代的产品形式，其装饰性胜过其他织物，具有强烈的艺术感染力。

1．钩针艺术的起源

关于钩针的起源说法不一，具体年代、地点尚不可考。相传公元4～5世纪的埃及墓葬里，便有抽纱花边以及雕绣花边，在古代秘鲁的文物中同样也存在类似的花边。而另有说法是钩针编结兴起于欧洲，源于爱尔兰，最早时期是用钩针仿制威尼斯花边的工艺。到了中世纪，欧洲花边生产集中在修道院，产品用于祭坛装饰和衣饰。文艺复兴之后，钩针花边生产业在欧洲得以普遍发展。钩针花边制品最初只运用在贵族服装上，如男性服饰的袖口、领襟和袜沿等部位以及女性晚礼服和婚纱上，且均为局部小范围使用。

18世纪时，法国曾出现一种在蹦圈上刺绣的手法，称为"tambour"，这种刺绣的工具其实就是最早的钩针，只不过钩出的织品和现今钩针编织不同，因此没人注意到。初期的钩针操作过程是将织物固定在一个框架上面，之后把线放在织物下方，再拿一只带有钩子的针插入织物，接着将其下方的线拉到上面来，从而形成一个线环，当线环仍然在钩上时，将钩稍稍挪动位置再次重复前面的插拉操作，使这个线环与第一个线环套在一起，形成一个链形线迹（图1-14）。18 世纪末，tambour进一步演变了钩编技法，去掉了底部的织物，直接用线进行编织，这就是当时法国人所称的"空中的钩针编织"。

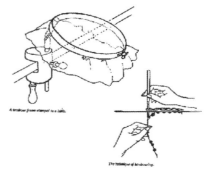

图1-14　早期的tambour钩编法

2. 钩针艺术的普及化发展

　　钩针编织普及化是在1800年左右的欧洲，透过文献资料了解，最早的钩针编织可能是不用钩针而直接使用手指的，以至于没有人工工具留下来的痕迹，也无法考据其历史。

　　爱尔兰蕾丝钩针的发展推动了家庭手工业的兴旺。另外，中产阶级的兴起使得家庭手工钩针编织有了更大的市场，加上钩针编织易学易懂，在任何地方只要有针和线就可以工作的特性，促使其越来越普及。图1-15为爱尔兰钩针配饰及针法图样，由于类似的钩针编织产品越来越多，使它变成了一种便宜的量产品。

　　维多利亚女王时期，钩针编织所给人廉价品的印象逐渐薄弱，爱尔兰生产的钩针编织蕾丝品的销量越来越大，自学蕾丝编织逐渐盛行起来，最早的爱尔兰蕾丝编织法传到法国之后，花样也变得更为丰富。

图1-15　爱尔兰钩针作品及针法

19世纪，英国人J·利弗尔斯发明了花边织机。1840年以后，花边织机的性能逐渐完善，使用的线料种类繁复，花样也层出不穷。时至今日，19世纪40年代的维多利亚时期蕾丝作品仍为收藏家的喜好之一（图1-16）。1842年，Leaner Riego de la Branchardiere与Framces Lambere出版的《蕾丝钩针编织法》中，就有更多的片盘状蕾丝花样，进而发展到用羊毛毛线来

图1-16 1889年维多利亚女王钩编照片及其使用的钩针

编织衣物的立体构成花样。第一次世界大战之后，除了欧洲极少数供展览的花边产品采用机器无法替代的手工制作以外，西方的手工花边生产几乎停止，机织花边成为其主要品种。

19世纪中叶，欧洲的编结工艺开始传入中国，最早由广州和上海地区开始传播，上海徐家汇地区曾是加工生产的重要区域。在中国，钩编的机械发展较晚，手工钩编技术水平很高，可以编织出在机器上无法编织的极为复杂的织品。

3．钩编艺术的时尚化转变

19世纪90年代之后，钩针编织逐渐融入时尚元素，蕾丝花样更为复杂多样，色彩更加缤纷花哨，钩针纹理和立体构成也更为华丽。20世纪40年代末期，钩针编织教学又重新流行起来，变成家庭手工艺的热门主角，随之出现了更多新的花色和独具特色的构成。钩针编织与流行式样的结合，促使许多钩针编织书籍的出版，进而教导更多有兴趣的人们学习，创作出编织花样多端、五颜六色的小块钩针织品，再组成披肩、长裙、桌布、窗帘等织品。如图1-17即为小块钩针织品组合的盖毯和裙子，特殊的手工工艺加上巧妙的配色打造出一种高级的精致。

20世纪60年代可说是钩针编织的一个高潮期，到70年代初期，钩针的花样已经

图1-17 20世纪钩针织品

发展到顶端，逐渐稳定成今日固定的编织手法，除了小块拼织外（被戏称为老祖母方块拼织granny squares），尚有圆形拼织与多色钩针编织等形式。

　　同样，20世纪初，由广东籍华侨缪凤华编著的《绒线编结》一书出版后，受到广泛关注，这是中国出版的最早的关于编结工艺的专著。此后，黄培英创办了编结教习所，随着钩编工艺的传播，中国的编织业日益成长，结合中国民族特色工艺创造了很多新针法。1956年，在上海成立了钩针编结工艺厂，编结工艺品也成了中国出口商品中最为突出的工艺美术品。如今，中国的编织机械化已经跟上时代，能够织出各种不同的针法，但是仍然不能代替手工钩编在服饰行业中非同凡响的地位。

　　21世纪，钩针编织仍旧流行，选用材料更加丰富，针法也更加多样，现今常见的钩针编织方法有鱼片钩针、突尼斯钩针、扫帚柄花边钩针、发夹花边钩针、爱尔兰钩针等。钩针花样也随流行发生了新的变换，图案风格由写实转为抽象，出现很多几何图案。但是，由于手工钩编工时和成本限制，时尚产业的针织品绝大多数也由机器针织产品替代，手工钩针工艺在纺织行业中主要是小范围使用，多以服饰品、家居饰品的形式呈现，更多的是展现其艺术价值。

第二节　编结与钩针艺术的现代价值及意义

　　编结与钩针艺术所蕴含的文化价值和人文情感是任何当代纺织技术都无法比拟的，其手工制品不可复制的艺术特色也是任何机械产品都不可企及的，这也是目前钩编手工作品一直深受广大消费者青睐的原因所在。今天随着生活水平的提高，人们在拥有极高的物质生活基础后，逐渐开始追求精神层面的享受，个性且极具文化特色的手工产品逐渐流行并被时尚推崇。因此，学习和推广编结与钩针等手工艺术对于现代社会文明与艺术的发展与传承至关重要。

一、文化传承价值

　　当今社会已进入第四次工业革命，信息技术和人工智能充斥着人们的生活，相比之下，传统手工艺术面临着衰退和萎缩。所幸的是，在经历了紧张忙碌的快节奏之余，人们也逐渐转变自己的生活观念，越来越多的人开始注重生活的细节和品质，渴望回归本心、返璞归真，追求慢节奏的生活理念。与此同时，政府部门也开始采取措施保护和弘扬传统文化。如莘庄钩针编结于2007年被列入上海市级非物质文化遗产保护名录，图1-18为"对话——中国非遗的国际表达"钩针编结艺术展中的作品，图1-19的钩针作品则是将当代美术家丁立人的绘画作品通过钩针形式表达出来，别有一番艺术效果。一些博物馆、图书馆、工作坊等机构与编结、钩编艺术家合作，推出一系列的体验活动，给手工爱好者和年轻朋友们提供与传统手工艺近距离接触和学习的机会，进而更好地进行编结与钩针艺术的推广和传承。此外，相关高校和研究机构也在不断深化此类课题的研究，图1-20为研究生毕业设计手工编结系列作品。文化理念的引导，让社会更加重视传统元素的运用，很多知名品牌也开始研究并把这些元素运用在自己的新品开发中。

图1-18　莘庄钩针编结作品　　　图1-19　手工钩针作品　　　图1-20　上海工程技术大学研究生龚昀毕业

设计作品——手工编结服装与配饰

二、实用价值

经过长期的演变，编结与钩针等曾经质朴的手工艺术又再次回到了潮流的顶端，形成一种新的时尚浪潮。世界各地越来越多的设计师把这些传统技艺运用到各个领域中，主要包括服装、饰品、室内装饰、公共设施等。

近年来，从西方到东方，世界著名时尚之都以及各大时装中心的T台上也在不断展示着手工编结和钩针类的服装，很多知名品牌的新品开发中开始加入传统手工元素，这类特殊的肌理也被人们广泛接受，成为当代的时尚新宠。如图1-21的Chloe连衣裙将钩针与落肩设计结合，打造出浪漫主义仙女风；图1-22Gucci连衣裙通过手工钩编结合品牌常用的花卉元素，表现出浓浓的文艺风；图1-23Marc Jacobs卫衣配上钩针开衩半裙，

图1-21 Chloe钩针露肩连衣裙　　图1-22 Gucci钩花拼接连衣裙　　图1-23 Marc Jacobs钩花开衩半裙

图1-24 Tommy Hilfiger钩花拼接　　图1-25 生活在左2018秋冬编结羽绒服及局部（左、右上）、手工钩花披
　　　　吊带连衣裙　　　　　　　　　　　　肩（右下）

演绎酷酷的街头风；图1-24Tommy Hilfiger吊带连衣裙采用钩花拼接彩色针织条纹，充满了青春气息，去海边度假再适合不过。又如广州汇美集团旗下原创高端品牌"生活在左"，在传递慢生活理念的同时，把传统的手工编结和钩针编结创新运用到服装与服饰设计中，得到广大消费者的喜爱，图1-25为其2018秋冬款产品，大胆运用传统手工编结与钩针艺术，打造浓浓的复古风。同时，一些艺术家及原创手工爱好者也开始经营自己的手作作品，图1-26为手工编结的手链、项链以及手提包作品。

图1-26　手工编结手链、项链、手提包

　　编结与钩针艺术不仅大量运用于服装、配饰设计中，许多设计师也开始大胆地将其运用在更多的领域。一些公共设施也别出心裁地运用手工钩编工艺进行设计，如图1-27是香港IFC商场首个手工编织游乐场，运用编织的优势，打造出独具特色的多变造型。图1-28为阿根廷艺术家兼建筑师Ciro Najle与一些自然科学家、水利专家及工程师合作设计的系列烟雾收集装置，完全采用钩针编织网，使钩编艺术与改善自然资源的科

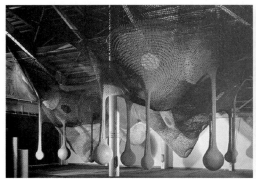
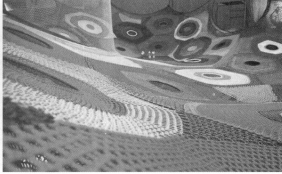

图1-27　香港IFC商场手工编织游乐场

图1-28　Ciro Najle设计的烟雾收集装置

学技术相结合。图1-29为日本钩针艺术家JungJung的迷你仿真钩编作品，她把生活中的各种蔬菜通过钩编形式做成胸针、耳环和家居装饰，色彩温润柔和，清晰典雅，细节精巧，具有非常典型的日系风格。北京798艺术区红典轩的创立者王惠若把钩针技艺与中国的古老经典文化相结合，创作了独特的立体造型艺术作品，如图1-30把陶瓷艺术用钩织工艺加以诠释，创作出极为独特的、饱含中国传统文化特征的手工钩织艺术品。

除此之外，编结和钩针在室内陈设和家居用品、饰品方面运用广泛，主要包括壁挂、台布、床罩、枕套、灯罩、窗帘、靠垫、茶垫等，家居小件物品有围巾、袜子、软鞋、手袋等，如图1-31分别为编结壁挂、钩针茶垫及靠垫，通过工艺的变化达到各种创意的造型效果。

图1-29　日本钩针艺术家JungJung钩针作品

图1-30　红典轩立体钩编作品

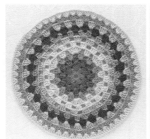

图1-31　手工编结壁挂（左）、手工钩针茶垫（中）、靠垫（右）

编结与钩针工艺的应用范围越来越广，不仅仅是因其造型新奇，更是源于其背后手工工艺的情感内涵，它有效地冲击了当下"短、快、平"的快食主义消费，适当缓解了人们在当下快速运转的社会中所产生的精神压力，使人们由物质丰富的后工业时代逐步回归到纯朴、缓慢的生活中。

三、未来发展潜力

在当今的艺术发展趋势中，传统与手工不断地加入时尚流行元素，融入人们的生活中，占据的地位也越来越重要，其发展潜力不可估量。但随着审美水平和消费需求的不断提高，人们对作品材料、工艺、色彩、款式设计和文化内涵方面的要求也越来越高。因此，编结与钩针艺术未来的发展不能仅停留在工艺的继承和发扬上，还应深入挖掘其文化底蕴，通过民族化来打造本土流行趋势，通过创新路线和商业转化使之不断平民化和实用化。

设计师们需要充分发挥手工艺自身的优势和特点，将其运用到不同品类服饰品上，并逐渐深入到日常生活的各个领域。在设计理念上，要从能满足基本的实用性提升到兼具较高的艺术性；在进行产品设计时，要突破传统的设计方法，结合当前的流行与时尚信息进行款式造型和细节设计；材料设计方面，在不断尝试新的材料搭配中寻找创新思路；色彩设计上，可采用不同于常规的配色，使作品既具有时尚感，又呈现出新的面貌；工艺方面，在传统技法的基础上，不断更新编织技法，可采用现代化的辅助工具变化编织技法的样式，也可以利用后处理工艺如染色、漂白、撕破等方式对原有组织进行再创造，编织出不同的肌理效果。

此外，设计师还应平衡好价格与价值、传统与流行、创意与市场的关系。设计师或制作者在实际创作中，在宏观把握时尚市场与社会审美的基础上，探寻传统手工艺与现代科技之间的切入点，创作出既符合当下人们审美需求又符合市场价值规律的个性化产品。

第二章

编结基础结法与成品设计

第一节　编结基本工具与材料

　　编结首先要了解的是工具与材料，选择合适的工具、购买恰当的材料是编结入门的必备，否则，编结无从下手。

一、基本工具

　　图2-1工具上排由左至右、下排由右至左分别为：弯嘴钳、直嘴钳、剪刀、游标卡尺、铁丝剪、打火机和引线。

编结基本工具

二、编结线料

　　编结线料多种多样，从编结成品角度可分为：手链及项链用玉线、穿珠子用引线、流苏用锦纶线（冰丝线）。

图2-1　编结基本工具

1. 手链、项链用玉线

　　编结线料种类很多，用于编织手链、项链等首饰类作品一般选用密度较高的玉线，主要型号有71号、72号、A号、B号、C号玉线，直径分别为0.4mm、0.8mm、1mm、1.5mm、2mm。通常编结线选用72号玉线（直径约0.8mm），台湾"莉斯牌"质量较高，线质手感佳，色卡丰富。此外还有"蒲公英"牌，同型号的线比莉斯牌略细一点，可以根据珠子大小和作品形式需求选择（图2-2）。72号玉线有大、中、小团的区别，大团长度760m，中团92m，小团60m。建议初学者先购买小团，学会后再买中、大团，建议编出一条测量长度，便可以计算购买材料的数量。

2. 编结引线

"引线"，顾名思义是用来引导编结线穿过珠子的，"引线"有铜质和尼龙质感之分。通常用于编结选择半透明的尼龙鱼线。尼龙鱼线线质柔软，拉力强，有光泽且顺滑。具体规格从0.2mm至0.5mm，直径0.35mm的最为常用，孔较小的米珠选用直径0.2mm的引线。

大团—760m　中团—92m　小团—60m
图2-2　72号玉线及常用规格长度

"引线"试验与使用方法

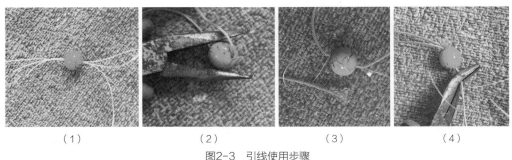

（1）　　　　　（2）　　　　　（3）　　　　　（4）

图2-3　引线使用步骤

1　三根0.5mm玉线刚好穿进1.5mm珠子孔，如图2-3（1）所示；

2　若将常用的两根0.8mm直径玉线，同时穿过1.5mm直径珠子孔根本不可能。因为两根玉线折叠后是4根了，达到3.2mm直径。应该是先穿过一根，空隙仅有0.7mm直径，如图2-3（2）所示；

3　穿第二根玉线之前，将玉线头用指甲刮软，经过搓揉使较硬的玉线表面分股变软。约刮出大约0.4mm或0.5mm长度时，再借助引线，如图2-3（3）所示；

4　借助弯嘴钳在对面拉，两根0.8mm的玉线即可穿过1.5mm直径孔的珠子，如图2-3（4）。

3．锦纶线

"锦纶线"是股线，色泽比较光亮，主要起装饰和遮盖作用。在编结过程中，在需要换色或者不同结法转换的结点位置处进行捆绑，具有避免松散或遮盖结点的作用，同时亦可满足配色的需要，提高作品的档次。用锦纶线捆绑在玉线上要用6股，否则拉力不足，不能起到遮挡作用，锦纶线股数越大越粗，拉力也越强，可参考图2-4规格进行选择。

3股-直径0.2mm
6股-直径0.4mm
9股-直径0.6mm
12股-直径0.8mm
15股-直径10mm

图2-4　锦纶线及规格

此外，锦纶线也是后面章节讲述的中国结流苏的主要用线，流苏对线的拉力无限制，一般选用3股或6股锦纶线，线质柔软垂顺，比较高档。

第二节　编结基础结法与步骤

编结的结法种类多样，常用的基础结法有四股编、平结、蛇结、圆柱结、叶结、圈结、簪结、云雀结、单瓣结、十字结、双环结、酢浆结、扣结、钗结、琵琶结、套箍结16种，熟练掌握基本结法步骤和工艺要领才能在此基础上进行创新设计。

一、四股编

四股编主要是用在编结项链带子等所需较长长度的部件，是最常用的编结技法之一。选两根色彩不同的玉线，对折后，开始按图2-5步骤图连续循环编结，主要工艺步骤如下：

1 从左至右玉线编号1~4，如图2-5（1）所示，先拿起最右边的玉线4，压到2上，注意从2下面绕出，如图2-5（2）；

2 从左边拿起玉线1，同样绕到左起第三根上，仍然从下面绕出。此时，完成一个循环，如图2-5（3）（4）所示；

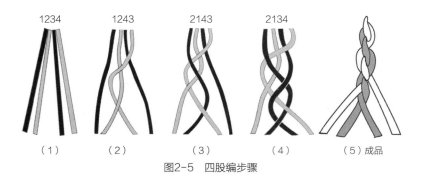

四股编编法及应用

（1）　　　（2）　　　　（3）　　　　（4）　　　（5）成品

图2-5　四股编步骤

3 依照以上步骤反复循环，即可完成四股编带子的操作。注意拉紧每根线头，保持松紧相同，关键要领是每次拿起的规律是左一次、右一次，如图2-5（5）所示。

二、平结

平结也是最常用的编结法之一，有两种不同的外观表现形式，如图2-6（6）和图2-6（7），一种外观平整，另一种外观形态为螺旋状。第一种平结由于所包裹的中心轴线可以活动，所以经常用在手链结尾处进行长度松紧调整。第二种螺旋状平结由于其特殊的外观造型，也可以用作装饰。编结时，通常手链结尾两端相错共四根线，用一段约20cm的同色同质玉线以平结固定即可（图2-6）。其步骤如下：

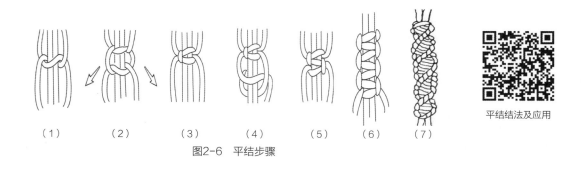

平结结法及应用

（1）　　（2）　　（3）　　（4）　　（5）　　（6）　　（7）

图2-6　平结步骤

1 如图2-6（1）所示，先取左线压在中心两根线上，随后右线压其上从两根中心线下绕过，再从左边线圈由下至上穿出；

2 第二次将右边线压在中心两根线上，随后拿左边线压其上，再从右边圈中穿出线头，如图2-6（2）；

3 依照以上步骤，左右线交替编结，即可完成平结的操作，如图2-6（3）（4）（5）（6）所示。

　　注意：如按照步骤1的操作方法，一直左边线压中心两根上，每次相同方向带线编结，便呈现图2-6（7）旋转的造型。

三、蛇结

　　蛇结通常用于珠子与珠子之间的结扣，具有紧密且立体的艺术效果。蛇结是用两根玉线编结，步骤如图2-7所示：

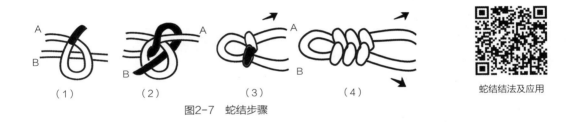

（1）　　　　（2）　　　　（3）　　　　（4）　　　　蛇结结法及应用

图2-7　蛇结步骤

1 取两根玉线，分别为A线、B线，首先用A线按图2-7（1）所示方法做圈压在B线之上；
2 从圈中拉出B线，绕过A线，再从圈中拉出，如图2-7（2）所示，然后拉紧A线；
3 再拉紧B线，并向结扣方向推同时紧密，如图2-7（3）所示；
4 循环往复，如图2-7（4）所示。

四、圆柱结

　　圆柱结俗称玉米结，由于其成品较硬挺，结实有粗度，所以常用于较大型项链的链绳部位，适合搭配大吊坠的设计与应用。圆柱结在设计时可以选择两种不同的配色线，编出的成品可呈现更丰富的艺术效果。其步骤如图2-8所示：

1 取两根线，十字交叉叠放，如图2-8（1）所示，分别逆时针方向依次挑压；
2 依次拉紧4条线完成一个循环，如图2-8（2）所示，循环往复，如图2-8（3）（4）

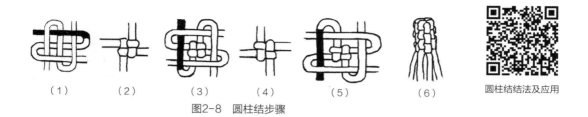

（1） （2） （3） （4） （5） （6） 圆柱结结法及应用

图2-8 圆柱结步骤

（5）所示；

③ 一个方向带线操作，完成的是圆柱结，如图2-8（6）所示。

注意：每一循环都是一个方向，编结出的是圆形链绳，如果逆时针一次顺时针一次就是方形柱，有四条棱边，接触皮肤会不舒适，不适宜项链产品。如图2-8（3）如果第二次操作方向与第一次相反旋转，编结出来是链绳就是方形的。

五、叶结

叶结由于其外观效果呈现叶子形而得名。叶结一般是用于绳子结尾的装饰结，如果线比较粗，也可采用一根线编结出叶子的效果。最好选用两根不同颜色的配色线进行编结，表达叶子的经脉，呈现出更加丰富的层次感。其步骤如下：

（1） （2） （3） （4） （5） 叶结结法及应用

图2-9 叶结步骤

① 取两根线，按图2-9（1）的图示上绕一个圈，线尾端从圈内穿出，线头在右方；
② 如图2-9（2）是双线顺时针绕环一周后，线头在左；
③ 按2-9（3）的图示，又一次向左逆时针绕，线头在右方，完成一个循环；
④ 按照以上（2）（3）步骤，完成叶子第二次循环，拉紧线头，使叶子更加紧致饱满；
⑤ 最少三次循环，如图2-9（4）所示，先提上线，再用剪刀剪掉线尾，余4mm，用火机处理线尾即可，如图2-9（5）所示。

注意：两根线的颜色顺序在绕结时不可颠倒。

六、圈结

圈结是用一根线绕成的小圆圈，主要作用为连接和装饰。圈结可以作为环连接各个组件，用圈结连接的部件之间还可以保留适当的活动范围，使作品更具有动感。此外，圈结还可应用在珠子两侧，作为夹片使用，起到色彩调节与装饰作用。有时几个圈结在一起应用，色彩交替、循环，更具节奏感。其主要步骤如下：

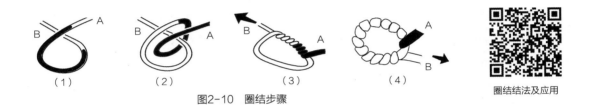

图2-10 圈结步骤

圈结结法及应用

1 取一根线，按图2-10（1）的方法绕一个圈，两端分别为A端、B端；

2 取A端按图2-10（2）所示顺时针绕线一周，完成一个循环；按照此步骤继续绕圈，注意每一圈使用力量相等，保持一致的松紧度，如图2-10（3）所示；

3 到圈数够了，用尖嘴钳拉B线抽紧，如图2-10（4）所示，处理线尾完成圈结编结。

七、簪结

簪结因其形似发簪而得名，通常用6股锦纶线制作，捆绑在玉线之上，起到遮盖线头的装饰作用。由于锦纶线光泽度较好，簪结一般用来点缀色彩和装饰。编结步骤如图2-11所示：

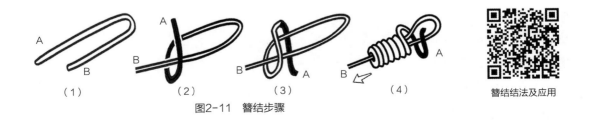

图2-11 簪结步骤

簪结结法及应用

1️⃣ 取一根合适长度的锦纶线，两端分别为A、B端，如图2-11（1）；

2️⃣ 固定B端，A端按图2-11（2）（3）的方式绕圈；

3️⃣ 绕到第三圈时，需要调整，B端不能过短，以免绕到结束，B端难拉到；

4️⃣ A端按以上方式依次绕圈，注意每个圈的大小相似，绕到合适的长度，不够则达不到装饰效果；

5️⃣ 如图2-11（4）把A端穿进环内，拉紧B端固定，再拉A端，完成。

八、云雀结

云雀结链绳是吊坠孔位置的结法，也是包袋、壁挂等起头的最佳结法，可以做成环状，做饰物的外圈用，还可以用来连接两个或多个部件。云雀结工艺步骤如下：

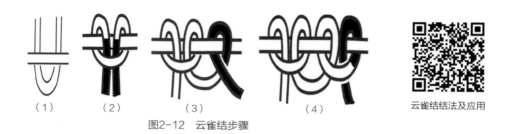

（1）   （2）   （3）   （4）   云雀结结法及应用

图2-12   云雀结步骤

1️⃣ 如图2-12（1）所示，可取一条横线作为芯线，也可以是木环或杆，根据编结物件需要选取合适的部件作为芯；

2️⃣ 取一条合适长度的线对折线放在芯线下方，两条线尾绕过芯线穿过线圈，拉紧，图2-12（2）完成雀头结；

3️⃣ 拿起右边线头，从芯线上绕过从下线圈绕出，如图2-12（3），拉紧；

4️⃣ 然后从下向上绕过线芯，再从线圈内穿出，如图2-12（4），完成第二个云雀结；

5️⃣ 循环3、4步骤完成若干个云雀结操作。

九、单瓣结

单瓣结的结法较简单，但是成品外观整齐紧密，有明显且规律的纹理感，经常用于壁挂或手链的局部装饰。

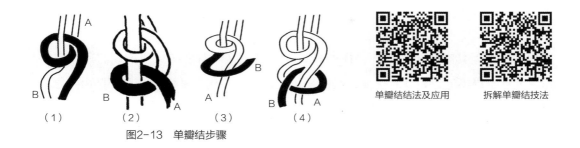

单瓣结结法及应用　　　　拆解单瓣结技法

图2-13　单瓣结步骤

1️⃣ 图2-13（1）和图2-13（2）都是B线做芯，A线绕于B线上，一个方向绕两次，完成后如图2-13（2）；

2️⃣ 图2-13（3）（4）是第二次A线做芯，即A、B线交替做芯，由此编结成扁平形状，适用于项链壁挂、壁饰的局部。

十、十字结

因十字结编制完成后，其正面为"十"字，故称为十字结；又因其背面为方形，故又称方结、四方结，结型小巧简单，适合用于手链、壁挂等艺术形式。十字结编结是用一根线，分成A、B线头去分析编结过程，如图2-14所示。工艺步骤如下：

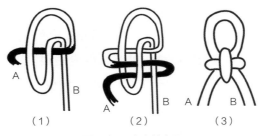

图2-14　十字结步骤

1️⃣ 取一根线，分为A、B端；

2️⃣ A端按图2-14（1）所示逆时针从上方绕过B端后从线圈下方穿过；

3️⃣ A端继续按图2-14（2）所示穿过线圈，绕过B端后从B端下方再次穿过线圈；

4️⃣ 调整A、B两端使之拉紧，完成，如图2-14（3）所示。

十一、双环结

双环结因其有两个如双环一样的耳翼而得名，又名双耳结或双圈结，此结环环相扣，寓意连绵不绝，其外观美丽，编法简单、迅速，应用非常广泛。双环结由一根线编制，分成A、B线头去分析编织过程，如图2-15所示。

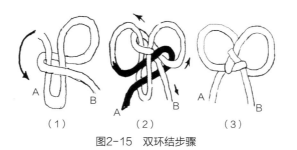

双环结结法及应用

图2-15　双环结步骤

1 取一根线，B端按图2-15（1）所示逆时针从A端线圈下绕过，然后从A线圈上方绕回；
2 用A端如图2-15（2）所示绕过两个线圈，回到左边圈底穿出，拉紧，调整两个圈的大小，完成后如图2-15（3）。

十二、酢浆结

酢浆结是一种手工编结方法，本结因形状类似酢浆草而得名，因双耳如蝴蝶状，又称为中国式蝴蝶结。在中国古老结饰中，酢浆结的应用很广，即是取其结形美观，易于搭配其他结式且寓意幸运吉祥。酢浆结也是一根线完成编织全过程，如图2-16（4）所示。

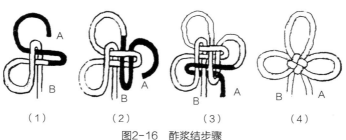

图2-16　酢浆结步骤

1 B端不动，始终用A端绕，按图2-16（1）所示的方法先绕出第一个圈，即成品图的左边圈；

2 A端顺时针按图2-16（2）所示绕出第二个圈，注意线头的上下关系；

3 A端顺时针绕出第三个圈后依次从图2-16（3）中的线圈中穿过，拉紧，调整三个圈的大小，完成酢浆结。

十三、扣结

扣结是中国传统服装中的经典之作，除了当纽扣用，也是挂饰常用的结法，工艺步骤如图2-17所示：

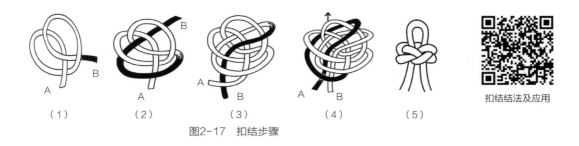

（1）　　　　（2）　　　　（3）　　　　（4）　　　　（5）

扣结结法及应用

图2-17　扣结步骤

1 弯两个圈，注意B圈在上，如图2-17（1）；

2 再拿起B圈线头，压A线由下而上，从中心眼睛形出，如图2-17（2）；

3 B线跨越眼形穿到下方，如图2-17（3）；

4 拿A线并在B线上向左绕，再穿入下方眼睛左边圈中，从第三步的B线同一口出，如图2-17（4）；

5 整理时，一定拉箭头圈作为扣子中心圈，即第一步眼镜形右边的B线，如图2-17（5）所示。

十四、钗结

钗结结法比较简单，因其外形似发钗故名钗结，主要运用于线尾或者中途装饰。主要结法步骤如图2-18所示：

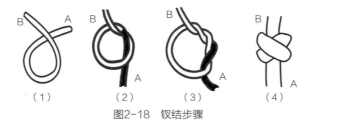

（1）　　　　（2）　　　　（3）　　　　（4）

图2-18　钗结步骤

1. 取一根线按图2-18（1）所示转个圈，左为B线头，右为A线头；
2. 直接将A线头绕入圈内，再第二次绕入圈内，如图2-18（2）（3）所示，双手拉A、B
   线完成钗结，如图2-18（4）。

十五、琵琶结

琵琶结是以纽扣结为基础，再加以变化而成，是仅次于"一字扣结"中国扣结的佳作。其外观形态更加丰满，如中国民族乐器的琵琶，并因此得名。扣结上的疙瘩与一字扣结包括所有中国盘扣都是同样，只是旁边的造型花色各异，如图2-19所示，其编结步骤如下：

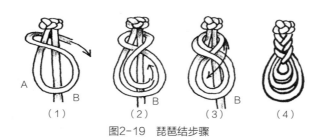

（1）　　　　（2）　　　　（3）　　　　（4）

图2-19　琵琶结步骤

1. 在编好的扣结基础上，拿A线按图2-19（1）所示绕第一圈；
2. 按同样的方法，如图2-19（2）所示绕第二圈；
3. 依次按同样方法绕第三圈，如图2-19（3）所示，之后，将线头绕到后面，用手缝
   针包括B线一起固定，如图2-19（4）完成琵琶扣结。

十六、套箍结

1. 套箍结可以在左手指上做，由后向前，共绕两圈，线尾在右为A端，

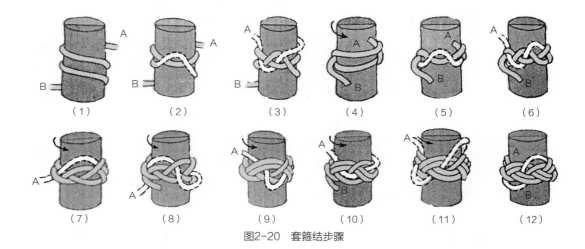

图2-20　套箍结步骤

如图2-20（1）所示；

2　将下面圈上提与上线相交成圈，如图2-20（2）所示；

3　拿起A端线头，沿虚线走势穿入刚才交叉的圈中，再一次入左圈中，A端线尾在上，如图2-20（3）所示；

4　将手指上全部线圈旋转180度，将看到图2-20（4）的状态；

5　再次将下面线上提，压住上线相交成圈，如图2-20（5）所示；

6　拿起A端，由上入下面交叉的圈中，再次入上面交叉的圈中。此时形成单股辫子结构，如图2-20（6）所示；

7　手指箍结右旋，把A端线头再次沿着辫子结构的上面向前插入，如图2-20（7）所示；

8　手指箍结右旋，沿刚才的辫子结构由下入上再穿入到下，即始终沿着那条线的上、下穿行，如图2-20（8）所示；

9　这时线头A与B汇合，在B下沿单股线走，如图2-20（9）所示；

10　手指箍结右旋再次沿单根线穿入到上，如图2-20（10）所示；

11　手指箍结右旋，还有一根是单根线，沿此线外侧、内侧、外侧到达A，如图2-20（11）所示；

12　继续沿单根线穿，直至看到三股全部是双根线时，另与B线也汇合了，如图2-20（12）所示，卸下手指上的套箍结，调解每根线的松紧度，使之一致后剪断A和B线头，约留4mm长度，火机烧结点。

第三节　手链设计与工艺

学习手链设计与工艺，首先要了解它是戴在人体腕部的装饰品。成人女子手腕的围度一般在16～17cm之间，加2cm或3cm放松量，是设计手链的基础长度。

手链工艺按其结尾编结方式分类，可分为平结手链和扣结手链。以"平结"相交两端锁紧方式，称为"平结手链"；以"扣结"首尾相连的方式，称为"扣结手链"。

一、平结手链工艺设计

平结手链工艺步骤如下：

1 选择珠子并排列设计，中心大珠子、两侧小珠子，如图2-21所示；

2 根据珠子色彩选择绳子色彩，注意搭配和谐，具有美感；

3 绳子尺寸：黄、绿色绳子各2根200cm长度，红色绳4根，每根200cm长度；

4 编结开始：将黄、绿色4根绳子穿进大陶珠孔，利用引线和钳子牵拉，在大陶珠两侧分别编2个"蛇结"，起到固定大珠的作用，再穿两侧小陶珠，如图2-21所示；

5 黄线交叉作为内芯，如图2-22所示每边四根线。先拿绿色绕单瓣结1个，再拿起红线的中心绕在黄色线上1个单瓣结，放下该线头，拿起另一半的线头再绕1个单瓣结于黄色内芯上，此时，已经有了八字的一撇，继续另一撇，与上述相同方法，做完形成八字结构的单瓣结；

6 重复上述八字结构的单瓣结动作，应该注意的是中心两根线一排交叉，一排不交叉；

7 大约编到4cm长度时，必须是黄线在中心，将黄线做内芯，顺次绿线1个单瓣结，接着2个红色单瓣结，左右对称编好，如图2-23左。之后绿色做内芯，左右都是2个红色单瓣结，完成如图2-23右；

8 两侧边线绿色做内芯，分别2个红色单瓣结1个黄色色单瓣结，此时菱形还有最后一排，

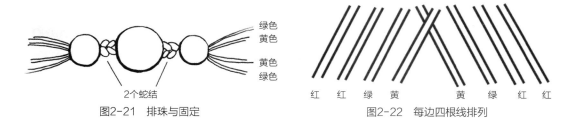

图2-21　排珠与固定　　　　　　　　图2-22　每边四根线排列

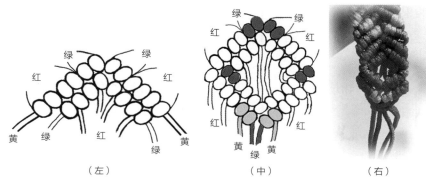

图2-23 平结手链带结尾收菱形上部（左）、结尾收菱形下部（右）

拿起绿色线做内芯，两侧分别2个红色单瓣结，1个黄色单瓣结，结束菱形编结；

9 最外侧两边1根红色和黄色剪断，中心绿色做内芯，红色在外做平结，两侧分别红色和绿色做叶结，余4mm线头，打火机烧结点；

10 两侧各4根，做平结5个，作为调节松紧用；

11 再在大珠两侧做绿和黄两色圆圈结各1个，遮盖"蛇结"的不平，使之更精致，到此全部完成平结手链的制作，如图2-24所示。

图2-24 平结手链成品

二、扣结手链工艺设计

扣结手链是指以珠子和扣眼将一条链子两端连接成圈型，这种成型方式叫作"扣结"手链。它的长度是手腕实际围度加2cm放松量，以此作为手链长度标准。如图2-25，右边圈与左边珠子以方便套入珠子为宜确定圈大小尺寸。扣结手链工艺步骤如下：

图2-25 扣结手链成品

1 选择珠子并排列设计，珠子3个层次，中心大，两侧渐小；

2 根据珠子色彩选择绳子色彩，注意搭配突出主珠，并有和谐因素，具有美感；

3 计算绳子尺寸，2根200cm长度的绿色72号绳子；

4 先在两根绳子中心编"蛇结"15个，以扣珠能自如进出为准；

5 2股线合拢做"蛇结"，约6个"蛇结"之后，转为编"圆柱结"，编织到手链总长的 1/3，长度约6cm；

6 接下来进行装饰珠连接设计，珠与珠之间做"蛇结"1个，并保持两侧珠子的对称（5个珠子长5cm）；

7 装饰珠连接后，同样"圆柱结"若干，与另一侧同长，按尺寸计算"蛇结"6个；

8 穿尾珠，打火机烧结点；

9 以"圈结"装饰珠子间的缝隙，参考成品图2-25。

第四节　项链设计与工艺

一、项链结构简述

　　项链是戴在人体颈部的饰品，最简单的项链包括项心、链绳和尾圈三部分，如图2-26。而隆重复杂的项链包括更多部件，如图2-27。注意："吊坠"要选择大的形态，"项心"要精致，"侍珠"可以由下至上逐渐变小，长度约占全链绳的1/3。余下链绳要细于"侍珠"部位。尾饰要挑选小巧可爱的形态，由此构成下重上轻的分量感。

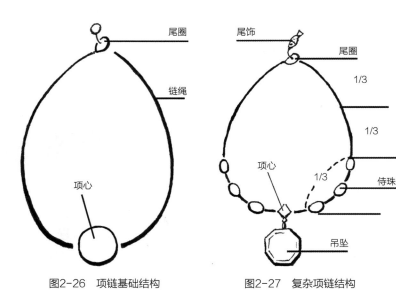

图2-26　项链基础结构　　　　　图2-27　复杂项链结构

二、项链工艺步骤

项链通常分三部分编结，具体步骤如下：

1. 吊坠与项心的连接：有大孔时，要分两层做，第一层在下面，用云雀结，依次编满，参考附录2中的云雀结结法步骤图。

2. 第二层在上面，三个"圆圈结"，参考附录1中的圆圈结结法步骤图，注意三个"圆圈结"要等大。

3. 连接圈：在上一步三个圈中做一个连接圈，如图2-28。

4. 链绳编结：首先将向上的圈设计制作好，如图2-28上部，然后用两股72号线对折后，编结"圆柱结"，参考附录1中的圆柱结结法步骤图。切记每次都是一个方向旋转。若一次左，一次右就是方绳了，不适合项链用。链绳中心用"6股锦纶线"编结"簪结"，参考附录1中的簪结结法步骤图。注意：线量要充足，一条线做完，不能有接头，绕够两头拉紧，余线0.2cm，烧结点时与绳成90度，避免燃烧到编好的地方。

5. 项心设计与连接：共八个"圆圈结"与一个金色珠子构成这款项链的"项心"。两侧"圆圈结"要等大，中心可以略大一点，如图2-29。这里只是一个案例，也可以设计出不同的结构与风格。

6. 上段绳子设计与工艺：一般编"四股圆绳"即可。

图2-28　吊坠孔设计与效果

图2-29　吊坠与链绳连接设计

7 若吊坠大，需要继续编"圆柱结"，或介于"圆柱结"和"四股圆绳"之间的六股绳编法的粗度。"四股编"比较细，"圆柱结"最粗。粗还是细，应根据吊坠重量决定。总之，吊坠越大需要链绳越粗，吊坠形态小，则应选择细一些的编结法。结尾编"簪结"的目的："簪结"具有遮挡线头的作用，用锦纶线又起到装饰作用，如图2-30成品制圈运用。簪结捆绑，位置如图2-31所示，线头需要剪成一长一短，避免两根长度相同，会导致直径过粗，捆绑处易突起，影响美观。一般捆绑后，外观整齐划一，如图2-32所示。

8 此外，项链绳结尾处还可以配上精致的银饰或珠子，增加装饰效果，如图2-33所示。

图2-31　编"簪结"的位置

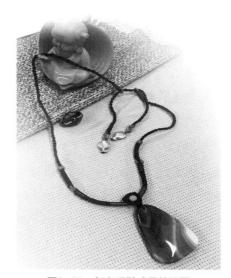

图2-30　项链成品图　　图2-32　编"簪结"后的效　　图2-33　复杂项链成品效果图
　　　　　　　　　　　　　　　　果图

第三章

编结创新设计与工艺

第一节　中国结设计与工艺

中国结是中华民族优秀的传统装饰艺术，早在明代妇女服饰中广为流行。在这里重点讲授中国结的工具选择、工艺步骤以及整体装饰设计。

一、中国结的工具与材料

中国结的制作工具：卷尺、珠针、固定液、锥子和钩针、泡沫板，如图3-1所示。

中国结的线质采用混纺人造纤维，具有光亮的视觉效果（图3-2）。设计时要依据成品大小，确定线的粗细尺寸。可对照"号"与"直径"尺寸关系来购买。

中国结成品制作中，离不开锦纶线的配合应用，可参考图3-3中锦纶线"股数"与"直径"尺寸的关系来购买。

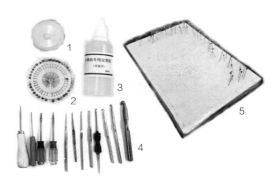

图3-1　"中国结"基本工具
1—卷尺　2—珠针　3—固定液　4—锥子和钩针　5—泡沫板

1号—9mm
2号—6mm
3号—4.5mm
4号—3mm
5号—2.5mm
6号—2mm
7号—1.5mm

图3-2　"中国结"线的号与直径的关系

3股—直径0.2mm
6股—直径0.4mm
9股—直径0.6mm
12股—直径0.8mm
15股—直径10mm

图3-3　锦纶线股数与直径尺寸的关系

二、中国结的设计与工艺

中国结通常分为"两翼盘长结""三翼盘长结""复翼盘长结"和"磬结"四种，如图3-4所示四种黑白"中国结"。

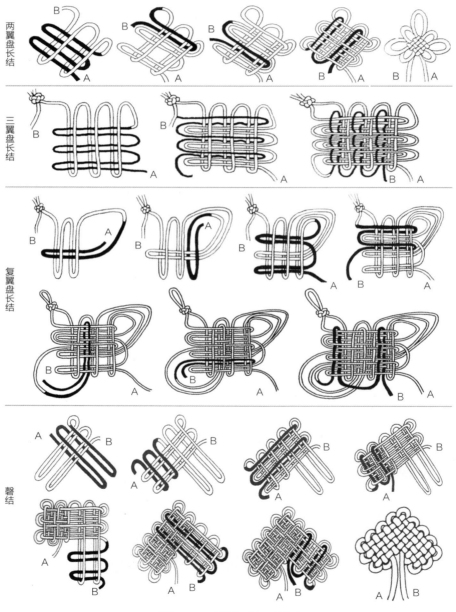

图3-4　四种黑白"中国结"图示

"中国结"的工艺编结要从比较简单的"两翼盘长结"开始学习，再向较难的三翼盘长结工艺制作去尝试，直至最难的复翼盘长结制作。图3-5和图3-6分别是两色"两翼盘长结"和"三翼盘长结"挂饰。

图3-5 两色两翼盘长结挂饰　　图3-6 两色三翼盘长结挂饰

三、流苏结的工艺步骤（图3-7）

"流苏结"是中国结的一部分，通常用锦纶线制作，准备工作：流苏选用"3股锦纶线"，线长度是预想制作流苏长度的2倍加8cm。流苏结步骤如下：

1 2

流苏结结法及应用

1　将线绕在与预想流苏多8cm一半长度的板上，剪断后排列整齐，如图3-7（1）所示；

2　选6股锦纶线捆绑在中心，2次系紧如图3-7（2）所示；

3　将6股锦纶线夹在中间；如图3-7（3）所示；

4　参考附录1中的"簪结"，将流苏捆绑结实，剪断线头且烧得不留痕迹为佳，如图3-7（4）所示；

5　从中心部位翻转，整理后找出被捆在内的6股锦纶线，如图3-7（5）所示；

6　用6股锦纶线在流苏节上端，再次做"簪结"将流苏捆绑结实，剪断线头且烧得不留痕迹为佳，如图3-7（6）所示。

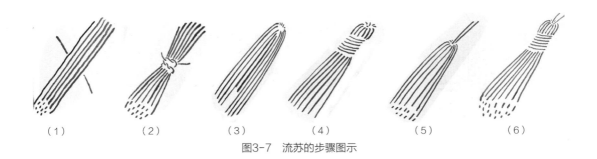

（1）　　（2）　　（3）　　（4）　　（5）　　（6）

图3-7 流苏的步骤图示

四、复翼盘长结制作工艺步骤

1. 先将流苏结制作完毕，选择3股锦纶线，预计成品是25cm长度，预留3股锦纶的长度是成品的两倍加8cm的长度，即58cm。参考上述"流苏结"的工艺步骤；

2. 制作复翼盘长结，准备蓝色4mm中国结线，约220cm长度，以及与"中国结"蓝色线同等长、直径1mm的金线；

3. "复翼盘长结"步骤参考图3-8复翼盘长结步骤图示中的第一步至第七步的操作；

4. 选择直径约12mm的黄色珠子。用流苏余线和"复翼盘长结"余线连接，之后用"套箍结"遮掩与装饰，如图3-9复翼盘长结主要步骤与成品图；

5. 选6股锦纶线约45cm长度，穿入"复翼盘长结"顶端中心线对折穿黄色珠子；

6. 紧接着穿方形玛瑙片；

7. 再剪玉线与锦纶线共四股，编"四股编"14cm长，折回长度约6cm，烧结点；

8. 用6股锦纶线，编结"簪结"1.8cm，遮挡烧点，距离方形玛瑙做两个"圆圈结"遮掩缝隙处，完成，图3-9为复翼盘长结主要步骤与成品图。

"复翼盘长结"步骤图示

4mm粗的宝蓝色中国结线和1mm粗金线五米对折，中心用大头针固定，左为B线，右为A线。第一步按图示做基础骨架，之后，每一步看黑色实心线做，每步都需固定，并用钩针辅助勾出线头。第五、六、七步更要耐心读图，准确辨别上还是下的走线图，第七步做好，先取下大头针，再整理拉紧，调整成对称样式，见成品彩图。

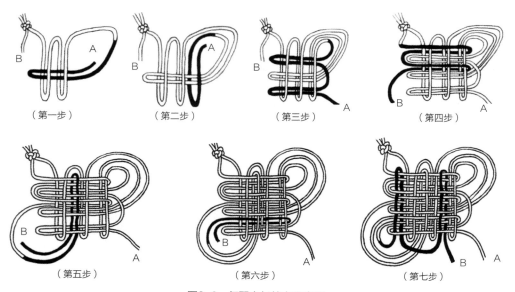

（第一步） （第二步） （第三步） （第四步）

（第五步） （第六步） （第七步）

图3-8 复翼盘长结主要步骤

复翼盘长结

编结步骤与成品设计效果图

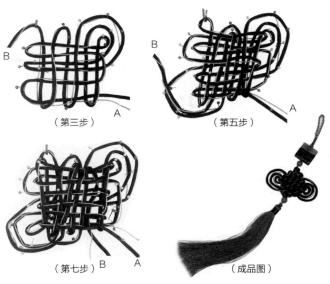

（第三步）　　　　　　　（第五步）

（第七步）　　　　　　　（成品图）

图3-9　复翼盘长结主要步骤与成品图

第二节　壁饰设计与工艺

　　壁饰最早源于西方11世纪的壁毯，多用羊毛绒植绒工艺制作。20世纪以来，现代派画家毕加索、马蒂斯都曾参与过设计，随后逐渐衰落。取而代之的是编织、织、蜡染、刺绣、绕扎、串挂和网扣等工艺制作的壁饰。我国壁饰起步于古代，多见豪门贵族。随着经济的迅速腾飞，壁饰发展到20世纪80年代开始走向多样化，逐渐步入大众化。艺术形式色彩纷呈，在这里着重讲述绳编壁饰的制作工艺。

一、绳编壁饰的工具

　　绳编壁饰的工具很少，基本徒手编结，只有锥子作为辅助工具，如图3-10，布料胶与大小不同的锥子和小毛刷。"布料胶"作为收尾黏合用，用小毛刷将布料胶绕到棉绳上。右边两把锥子是螺丝刀改制。还需要准备一根木棍，如图3-11编结壁饰的吊棍。

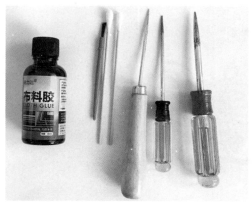

图3-10 布料胶与大小不同的锥子

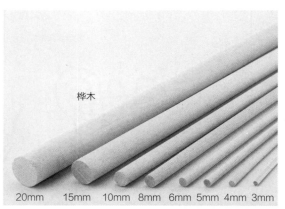

图3-11 编结壁饰的吊棍

二、壁饰与棉、麻绳

棉质感线本身柔软、透气、结实，用于壁饰材料非常合适，而且棉绳编结非常紧，扣结不易散开。麻质感的材料较硬，会出现细毛涌出，没有棉质绳外观肌理分明，削弱了结扣交结之间的美感，因此应用效果不及棉绳。

由于棉质绳在编结中呈现滑顺牢固、结扣不易松开的优点，所以较为常用。通常市场有1mm至10mm的规格，更粗达到20mm，如图3-12壁结用棉质绳常用规格。

棉质绳由多股拧制而成，易松散，这一点正符合壁饰的装饰效果需要。捻度低的结扣容易松散，如图3-13棉绳捻度高、低与散开效果图，左面捻度高的棉绳不易松散，呈现弯曲状、而右面而捻度低的易散开并成直线状。

图3-12 壁饰编结用绳尺寸参考

图3-13 棉绳捻度高、低与散开效果

三、壁饰设计与工艺步骤

图3-14为壁挂成品，其工艺主要分为以下六个步骤：

1. 第一步：起头挂线

绳编壁饰的起头，通常用明挂线，即将线挂在一根圆木棍子上。圆木棍为4cm或4.5cm直径，可以在网上购买。此款为了更有设计感采用暗挂线，即先在吊板上钻孔，而后在孔里挂云雀结，为和下面木雕呼应，就设计了一个扁平且两端尖角的造型。

中间钻12个孔，分三组，起头编结参考附录2中的云雀结。

2. 第二步：起头装饰

用附录2中的单瓣结，编结时注意形成尖角形。共编三排单瓣结。

图3-14　壁挂成品

3. 第三步：固定人脸板形

只把两侧的各一根线穿入上耳孔，再回到耳后打结，固定雕刻人脸木板重量，而后从下面出，犹如耳饰。

4. 第四步：重点编结

将上面12根线，顺次拉到人脸木板下面，继续编结与上面三排单瓣结一样的造型。留一段空隙继续编结三排单瓣结。穿入几颗小桶形木珠，并打死结扣，最后将棉绳分开成散开状。

5. 第五步：两侧桶形耳饰

准备工作：裁剪绳子，流苏线六根，每根125cm长，内筋线一根150cm长。桶形仍然是单瓣结法制作，具体如图3-15桶形工艺步骤图。

1 留出约14cm的短线头，当作内筋，编结六个云雀结。还有余线7~8cm，如图3-15（1）所示。

2 之后，另将起始的长线头抛入圆环中，在云雀结后面出线，在第四个到第六个云雀结地方，拿起长线头做内筋，编结单瓣结，如图3-15（2）所示。

3 将环拿起合拢，仍然以长线头做内筋，在前三个云雀结下编结单瓣结，完成第一圈单瓣结，如图3-15（3）所示。

4 继续编结单瓣结，图3-15（4）是两圈半的地方，直至编结到需要的长度结束，将流苏修剪整齐，使之一样长度，见成品图3-15（5）所示。

（1）　　　　　（3）

（2）　　（4）　　（5）

图3-15　桶形工艺步骤

6. 第六步：头部挂桶形木珠

头部挂桶形木珠要先将线固定在人物木板后面，从前额出，穿上木珠后，先打结再将棉绳分开成散状。

在此说明，人物木雕是用一块菜板改制而成，同时考虑线的固定点与出入孔，用电钻一并做好。

四、壁饰重要手法

1. "单瓣结"和"平结"结合使用

壁饰工艺中还有一种常用的编法叫"平结"，常与单瓣结结合在一起编，"单瓣结"会突起，而"平结"呈凹陷下去的状态，这种起伏很有美感，如图3-16壁饰成品中左上位置是"单瓣结"，下面是"平结"，中间又以黑色线分隔，形成不同的肌理效果，造型奇异，鲜明独特，呈现更大的美感享受。

图3-16　壁饰参考图

2. 自制圆环

　　壁饰设计中常应用木圆环。有时也可以做彩色圆环，这里的圆环是选用麻线做的环，线质硬，适宜做环，具有一定的承受力，工艺步骤如下：

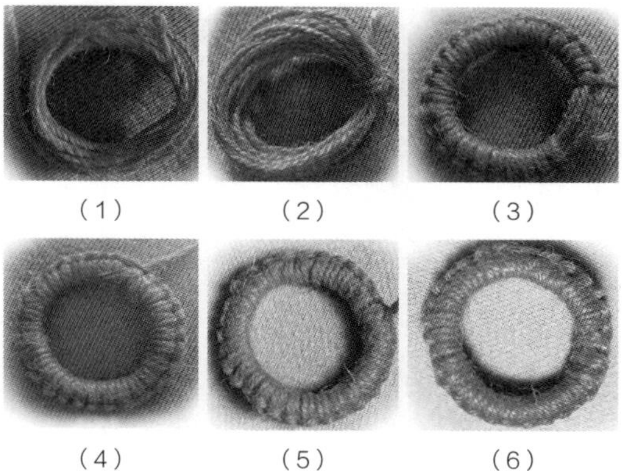

（1）　　　　　（2）　　　　　（3）

（4）　　　　　（5）　　　　　（6）

图3-17　彩色圆环步骤图示

1 约4mm直径绕8、9圈，如图3-17（1）彩色圆环步骤图所示；

2 按云雀结第一步，由上绕到下，再从圈中绕出，第二次从下向上绕，从圈中绕出，参考附录2。完成一个云雀结，如图3-17（2）彩色圆环步骤图所示；

3 重复若干次，如图3-17（3）所示；

4 直至整个圈绕满，如图3-17（4）所示；

5 将圈翻过来，剪断线头，余0.6mm，用"布料胶"黏合，如图3-17（5）所示；

6 翻过来彩圈的正面，制作完毕，可以应用，如图3-17（6）所示。

第三节　编结包设计与工艺

　　编结包材料质地的选择种类更加宽泛，可以是棉质色彩缤纷的（图3-18）；也可以是一包两色搭配应用，或多色彩合股的。线质也有混纺加氨纶具有弹力的，还有绒毛质感的，等等。

　　首先介绍的编结包是用4mm的白色棉质线制作。具体工艺步骤如下：

图3-18　彩色棉线

1 双折约180cm长度的一条绳子，绕20个云雀结在其上，即编结包的宽度，如图3-19（1）所示；

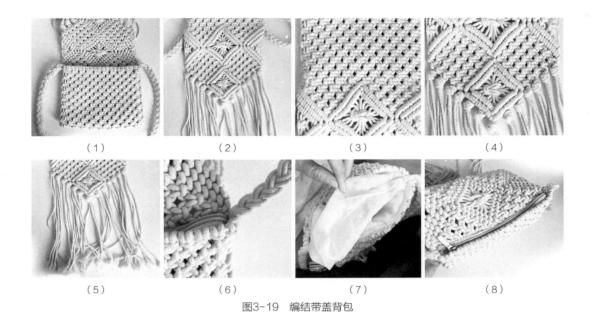

（1）　　　　　　（2）　　　　　　（3）　　　　　　（4）

（5）　　　　　　（6）　　　　　　（7）　　　　　　（8）

图3-19　编结带盖背包

2 从左到右系10个"平结"。此为第一排，共连续编结33排到图3-19（2）所示的中心菱形上端；

3 在两端分别继续编4个"平结"，下一排分别编3个"平结"，再下一排两边分别编2个"平结"，最后两边分别编1个"平结"，此时两边呈两个三角形。在中心向左编10个"单瓣结"，右边编9个"单瓣结"，构成两条成八字斜线。在两侧分别编第二排，左边编8个，右边编7个，呈双排八字形，即中心菱形的上半部分，如图3-19（3）所示。中心菱形两侧第一排上用外面第一条线作为内筋，编9个"单瓣结"，第二排同样选取外线作为内筋编7个"单瓣结"。同理，第三排编5个"单瓣结"，如图3-19（3）。中心菱形内部，以中心6根作为"平结"内筋，两侧各3根编三股"平结"。两侧半菱形中心以边缘4根线编1股平结；

4 同理，编中心菱形下半段"单瓣结"，左右编好成后呈倒八字形，继续编结成两排如图3-19（4）所示。接着，两侧第一排分别中心编1个"平结"，依次2、3、4、5排编到5个"平结"时，第六排编结4个"平结"，依次递减，直到1个"平结"。中心编结两排单瓣结形成下端菱形的上部轮廓，在菱形正中心，仍然编三股平结，而后双排单瓣结结束；

5 中心4根线打结，其余每3根线打结，如图3-19（5）所示，在20cm长度处剪断作为流苏；

6 两侧的缝合是在对折16cm位置进行，上下各一根线接缝即可。之后6根线分三股编130cm辫子，作为背包带，如图3-19（6）所示；

7 里子布与包深度相同，即35cm长，宽度约20cm，如图3-19（7）所示；

8 先将圆筒形布上面与拉链接缝好。再将拉链与编结包连接缝合，最后用白线大针脚缝合底布，完成后效果，如图3-19（8）所示。

第四章

钩针基础与成品设计工艺

第一节　钩针工具与基础钩法

一、钩针工具

钩针工具最小套装是五根钩针，左起0.5mm、1.0mm、1.5mm、2.0mm、2.5mm，由细逐渐变粗（图4-1）。

二、钩针的基础钩法

参考附录4"钩针步骤与符号表示法1"和附录5"钩针步骤与符号表示法2"。

辫子针及短针钩法
及应用

图4-1　钩针小套装

1．辫子针

1 先将线绕在左手小拇指上，经食指后，再以中指和大拇指捏合，如图4-2（1）所示；

2 右手执钩针搭在左手大拇指和中指捏合的线上，带线由下向上逆时针旋转360°并钩住左食指方向线头，如图4-2（2）所示；

3 右手执钩针钩住左食指方向线头后，由下而上绕，再拉向右手圈中并钩出，一个辫子针完成，如图4-2（3）所示；

4 重复第3步骤三次，即四个辫子针链条完成，如图4-2（4）。

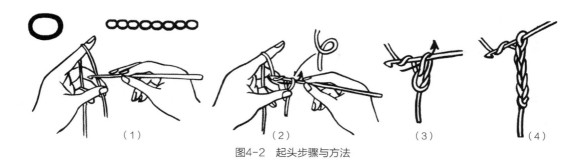

图4-2　起头步骤与方法

2. 短针

1️⃣ 在辫子针链条基础上钩一针辫子，作为第二排的边，如图4-3（1）所示；

2️⃣ 在第一排辫子针链条的第二针辫子线圈中插入钩住食指方向线头由下而上绕之后钩出，此时，右手钩针上有两个圈，如图4-3（2）所示；

3️⃣ 再由下而上绕线拉向右手方向；从两个圈中钩出，完成第二个短针，如图4-3（3）所示；

4️⃣ 重复1、2、3步骤两次，三个短针完成的效果图4-3（4）。

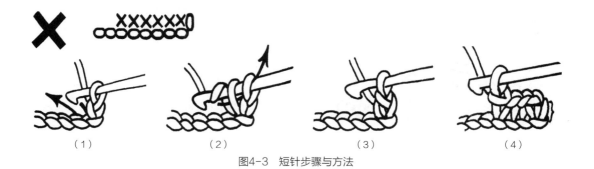

图4-3　短针步骤与方法

3. 中长针

1️⃣ 在辫子针链条上另钩两针辫子作为中长针的边，上绕后插入左手链条上第三个线圈中，如图4-4（1）所示；

2️⃣ 随即钩出，右手钩针上有三个线圈，上绕钩住食指方向线头，如图4-4（2）所示；

3️⃣ 一次性将线头钩出，一个中长针完成，如图4-4（3）所示；

4️⃣ 再上绕重复1、2、3步骤；一次性将线头钩出，完成两个中长针，如图4-4（4）所示；

5️⃣ 重复1、2、3，完成三个中长针，如图4-4（5）所示。

中长针钩法及应用

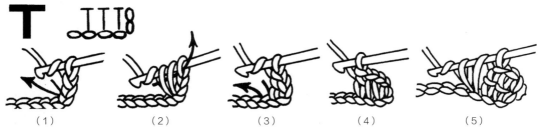

图4-4　中长针步骤与方法

4．长针

1 在辫子针链条上另钩三针辫子作为第二排的边，上绕钩住准备插入左手食指方向第四个线圈中，如图4-5（1）所示；

2 随即钩出，右手钩针上有三个线圈，上绕一圈准备钩出前两个线圈，如图4-5（2）所示；

3 勾出右手余二个线圈再上绕一次，准备从两个线圈中出，如图4-5（3）所示；

4 随即拉出，完成一个长针，重复1、2、3步骤两次，完成三个长针，如图4-5（4）所示。

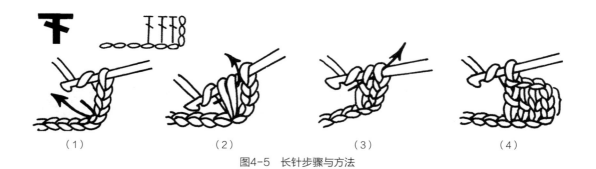

图4-5　长针步骤与方法

5．二绕长针

1 在辫子针链条上另钩四针辫子作为第二排的边，上绕二圈钩住食指方向线头后插入链条第五个圈中，如图4-6（1）所示；

2 钩出，右手钩针上有四个线圈，上绕一圈，钩出前两个线圈，右手余三个线圈，如图4-6（2）所示；

3 上绕一圈钩出前两个线圈，右手针上余两个线圈，如图4-6（3）所示；

4 上绕一圈钩出右手线圈，右手针上余1个线圈；上绕两圈，重复1、2、3步骤三次，四个二绕长针完成，如图4-6（4）所示。

二绕长针钩法
及应用

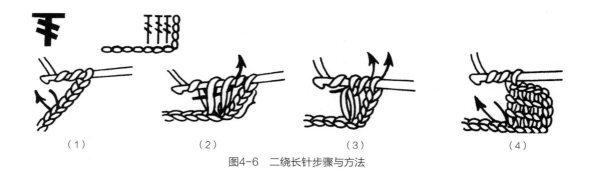

（1）　　　　　　　　（2）　　　　　　　　（3）　　　　　　　　（4）

图4-6　二绕长针步骤与方法

6. 三绕长针

1 在辫子针链条上另钩五针辫子作为第二排的边，上绕三圈钩住左手食指方向线头后插入链条的第六个线圈中，如图4-7（1）所示；

2 右手执针绕线钩出，此时钩针上共五个线圈，每次绕线钩出前二个线圈，共四次完成，当右手余1个线圈时，即完成1个三绕长针，如图4-7（2）（3）所示；

3 再上绕三圈，重复1、2步骤三次；

4 共完成四个三绕长针，如图4-7（4）所示。

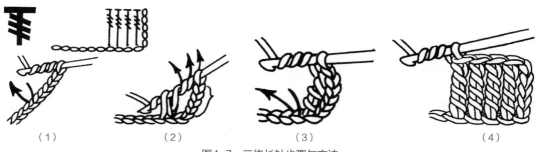

（1）　　　　　　　　（2）　　　　　　　　（3）　　　　　　　　（4）

图4-7　三绕长针步骤与方法

7. 波浪针

工艺步骤图见附录5钩针步骤与符号表示法2，具体工艺步骤如下：

波浪针钩法及应用

1 在辫子针链条上另钩6针辫子作为波浪针，固定在第5针上并钩出短针，构成第1个波浪，如图4-8（1）所示；

2 再钩5针辫子，链条上隔3针辫子，在第4针上以短针固定，完成第2个波浪针，如图4-8（2）所示；

③ 在转弯处，钩5针辫子后，在最近的一个波浪针顶端钩短针，如图4-8（3）所示；

④ 循环5针辫子，短针1针，完成第二排波浪针钩法，如图4-8（4）所示；

⑤ 再次到边缘时钩2针辫子之后，钩长针作为半个波浪针形态，翻过来第三排开始与第二步同样，钩5针辫子并固定在最近的波浪针上端。

　　注意：若设计更大波浪针，如图4-8（2），用6针波浪针，下面是5针后用短针固定，每个单元波浪比下面横线多1针。

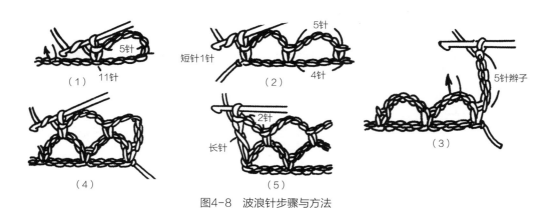

图4-8　波浪针步骤与方法

8. 圆形针

① 右手执线绕二圈后左手捏住线圈，如图4-9（1）所示；

② 钩针插入圈中将左手食指方向线头从圈中钩出，绕线，如图4-9（2）所示；

③ 右手执钩针钩出，一个短针完成，如图4-9（3）所示；

④ 再次从大圈中钩出一个线圈，如图4-9（4）所示；

⑤ 绕线钩出线圈，完成上一个短针，继续重复3、4步骤，如图4-9（5）所示；

⑥ 5个短针后，钩针插入第一针短针上端的辫子中，拉出即完成圆形针锁针，如图4-9（6）。

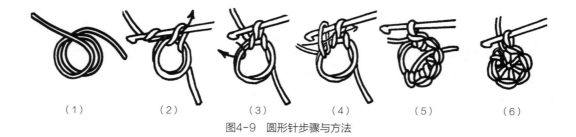

（1）　　　　（2）　　　　（3）　　　　（4）　　　　（5）　　　　（6）

图4-9　圆形针步骤与方法

9．枣形针

☐ 1 在辫子针链条上钩长针，钩针上余2个圈时，右手钩针上绕线，如
图4-10（1）所示；

☐ 2 插入前一个长针相同的圈内钩出前两个圈，此时右手剩三个线圈在
针上，上绕插入同一个圈中，同样收前两针，此时右手针上有4个
圈，如图4-10（2）所示；

☐ 3 右手执钩针一次性从右手4个圈中钩出。钩出后就成枣子形，还需要1针辫子固定，
此时完成一个枣形针，如图4-10（3）所示。再钩几个辫子后，重复1、2、3步骤可
以钩第二个枣形针。循环往复。

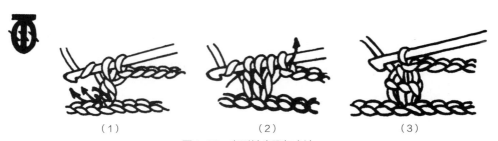

图4-10 枣形针步骤与方法

10．狗牙针

☐ 1 在辫子针链条上钩一排短针后，钩三针辫子，在第二针中钩出，如
图4-11（1）所示；

☐ 2 右手执钩针插入左边相邻短针线圈内拉出即完成一个狗牙；

☐ 3 向左钩2针短针后，再钩三针辫子，继续插入左边相邻短针线圈
中，拉出右手线圈外，完成第二个钩牙的动作，如图4-11（2）所示，成品图如图
4-11（3）所示。

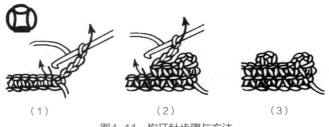

图4-11 狗牙针步骤与方法

11.松叶针

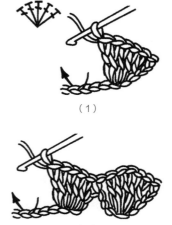

1 在辫子针链条上，钩4针辫子作为松叶外缘立柱，连续在第4针链条中钩5个长针，向前4针辫子中钩出，上绕合拢钩出，完成一个松叶针，如图4-12（1）所示；

2 再隔四针辫子做第二个松叶立柱，从中钩5个长针，向前第4个辫子中钩出合拢上绕，再次钩出，完成第二个松叶，如图4-12（2）所示。循环往复。

（1）

（2）

图4-12　松叶针步骤与方法

12.贝壳针

1 在辫子针链条上钩两个长针，隔一个辫子后，再钩两个长针，即一个贝壳完成。两个贝壳间隔3针，如图4-13（1）所示；

2 在钩第二排时，四个长针间一个辫子针形成完整的贝壳针，插在上一排长针之间，如图4-13（2）所示。

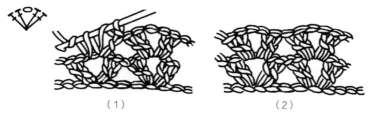

（1）　　　　　　　　　　　（2）

图4-13　贝壳针步骤与方法

三、条带花工艺步骤及应用设计

1.条带花工艺步骤

1 条带花是先钩一条辫子边，一个单元是6针，循环多少单元是根据装饰位置长度而定，这里是7个单元，收尾1针，共计43针辫子。关于边针数，一般情况短针时钩1针辫子，长针时钩2针辫子，二绕长针时钩3针辫子，三绕长针时钩4针辫子；

2 由于长针时钩2针辫子，所以这一步边针仍然为2针，每一单元两个辫子中1个长针；

3 两个辫子后四个长针构成扇形，7个扇形后，1个长针结束第3步；

4 3针短针2个辫子再3针短针，一个单元结束，重复直至完成第四步，如图4-14。

图4-14 条带花工艺符号图

2．条带花应用设计

条带花通常应用在围巾边沿或羊毛衫领口等部位。条带花总开针数由应用位置长度来决定，先测量单元针数是多少厘米，总长度厘米数除以单元厘米数，如果是整除，两侧都应设计半个花，两边各自另加一针边针，如此设计连续性效果好。

更重要的是，在长度有限时，单元针数宁少勿多，有细腻、精致的艺术效果。若单元针数较多，疏密配置得当，也可尽显浪漫风韵。

构成条带宽度的是排数，纱线柔软较细时，排数少即形成窄条带花；纱线较粗时，则构成宽条带花。设计时应根据款式造型的需求考虑，总之，以疏密有致、大小相间变换为设计总原则。

四、圆花、方花工艺步骤

方形花读图方法

圆花、方花都是钩4、5针辫子围成圆形针，然后顺着圆形层层按钩花符号图的针法钩出圆形花。方花所不同是在圆形四个角扩展即成方形。具体钩法如下。

1．圆花工艺步骤

1 6针辫子后用锁针形成第1圈圆形。锁针是指钩针最后1个立柱，连同右手上线圈一起钩出的方法。锁针符号是1个实心点，也称引拔针；

2 3个辫子针作为长针的1个立柱，再钩23个长针后钩锁针，合拢共24个立柱；

3 5针辫子后，1个短针固定在第2个和第3个长针之间。短针钩在隔1个长针立柱上，以此类推，共钩11个，第12个先钩2针辫子再1个长针于开始的辫子和短针之间，共形成12个波浪针；

4 3针辫子后，4个长针钩在上一圈中。短针固定在下一个波浪圈顶端。之后，9个

长针以短针固定在前一波浪
里。以此重复，直至第6个花
瓣的最后半个时，4个长针钩
在最前一圈一个波浪针里，锁
针结束第4圈；

5　1个短针，6个辫子，长针固定
在上一短针上，循环11次，最
后波浪针，钩3个辫子，长针锁
定在开始的辫子与短针间；

6　8针辫子，1个短针，固定在上
一圈波浪针顶端，锁针结束最
后一圈圆花，参见图4-15圆
花符号及成品图。

图4-15　圆花及成品符号图

图4-16　方花符号及成品图

2．方形花工艺步骤

方形花工艺步骤

第一圈：10针辫子后用锁针形成第一圈方形；

第二圈：1个辫子后20个短针，锁针在开始的辫子和短针之间；

第三圈：1个辫子后，短针钩在第二圈的第1针上，9个辫子针后短
针钩在第二圈第6个短针上，形成5针一个单元，实际两短针间隔4针。
以此类推，共钩四个单元，锁针在上一圈辫子和短针之间；

第四圈：1个辫子后1个短针，1个中长针，11个长针后，再1个中长针和1个短针，
钩在上一圈第一个单元结束的短针上，循环四次后锁针在起始的辫子和短针间，结束第
四圈；

第五圈：1个辫子后1个短针钩在中长针上，5针辫子再隔2个长针钩短针，形成波浪
针，以此类推完成19个辫子波浪圈，第20个波浪针是先钩2针辫子后，1个长针锁在上一
圈第1个短针上，完成第五圈；

第六圈：仍然5针辫子后短针绕在上一圈波浪的顶端；

第七圈：9个辫子后1个短针钩在上一圈波浪圈顶端，5针辫子后一个短针钩住上一
圈顶端，后面5针波浪重复3次，到此为一个单元。以上重复三次，在钩第四单元的第4
个波浪时，先钩2针辫子1个长针，锁针上一圈长针上，完成第七圈，如图4-16左侧方

花符号图；

第八圈：8个长针后5个辫子形成半个花瓣，再8个长针，短针钩在上一圈的中心，形成1个大花瓣。再5个辫子和一个短针，固定在上一圈顶端，循环三次5个辫子和1个短针，至此为一个单元。再重复三次，锁针于上一圈长针上，完成方形花工艺。

3. 方形花、圆形花的应用设计

方花应用设计多样化，既有独立的构思，也有巧妙拼接的方花包，如图4-17方花的应用设计，先将每个方花钩好，然后连接。构成一个魔幻的方形组合，大气实用。如图4-18圆花应用也别出心裁，用大圆花独立成一个包，没有拼接，层层扩展，针针变换，每一圈比例不同，穿插点的形态，构成一曲节奏有序、叮当作响的圆舞曲。搭配金属链条背带，更增添现代时尚感。

图4-17　方花的应用　　　　图4-18　圆花的应用

五、立体自然花工艺与应用设计

1. 立体花工艺步骤

立体花读图及
工艺步骤

立体花是指外轮廓与自然花卉相仿的立体型钩花，一般由三层或四层组成。下面分步讲解。

第一圈：钩5个辫子，如图4-19（1）所示；

第二圈：钩2个辫子，2个长针，2个辫子，此为1个花瓣，按此连续钩3个花瓣，第1层花瓣钩完，如图4-19（2）所示；

第三圈：在花瓣背后，每个花瓣钩5个辫子，作为下一圈的孔位，如图4-19（3）所示；

第四圈：在一个孔中钩3个辫子，5个二绕长针，再3个辫子，第二层花瓣钩完，连钩3个，如图4-19（4）所示；

第五圈：一个花瓣背后分两个空间，三个花瓣变成六个孔圈，如图4-20（5）所示，5个辫子为一个孔，6个辫子孔都是五针辫子，为第六圈做好了准备；

第六圈：钩3个辫子，3个二绕长针，再3个辫子为一个花瓣，第三层花瓣钩完，如图4-19（6）所示。

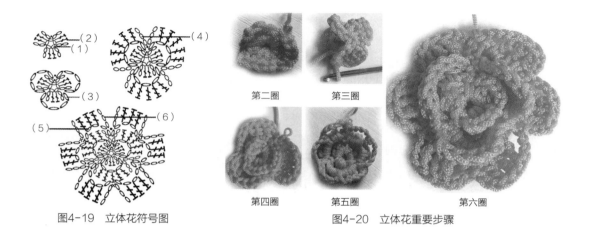

图4-19 立体花符号图　　　　　　图4-20 立体花重要步骤

2.立体花的应用设计

立体花应用范围很广，设计巧妙，造型独特，可独立成花，应用设计为成品，以其立体性和变化性为主要特色。立体花用作钩针包的装饰花，既作为包体的组成部分又具有很好的装饰性（图4-21）。

图4-21 立体花钩编包成品图

第二节　钩针包设计与工艺

一、钩针包的造型结构

制作钩针包，必须先了解包的造型结构，如图4-22，钩针包主要分四种：

第一种钩针包前、后连钩，两边分别钩，共由三片的结构组成；

第二种钩针包是前、后分别钩好，两侧和包底共三片连成一片钩；

第三种钩针包和第二种结构相同，只是圆和长方形的区别；

第四种钩针包是包底先钩好，连续顺右向左顺次钩包桶身，俗称"水桶包"。

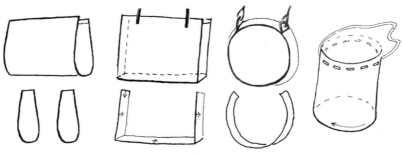

图4-22 钩针包造型结构图示

二、钩针包的工艺设计

此钩针包属于三片造型结构,先把两个圆片钩好,之后钩侧面,最后连接并钩背带,共四大步骤完成。首先用空心混纺线钩立体花花心部位。参考立体花工艺步骤,在这里不再重复讲述。接下来是立体花花瓣部位步骤,接排立体花的第六圈,从第七圈开始。

第七圈:花瓣之间钩8针辫子,3针辫子后,以短针固定在前一圈花瓣顶端。再4针辫子于两个花瓣之间,以上为1个单元,按图4-23(7)符号图重复5次;

第八圈:在大圈上钩7个短针,短针落在前一花瓣顶点上,再3针辫子结束于前一花瓣顶点上。以上为1个循环,共循环5次,锁针完成第8圈,如图4-23(8)所示;

第九圈:在上1长圈的第1针和第2针中间钩短针,3针辫子于第4短针上钩短针固定,再3针辫子,于第6针和第7针之间钩短针固定。之后在上一圈3个辫子上短针落脚,再3针辫子固定在下一圈上。以上为1个单元钩法,循环5次,但最后1圈钩2针辫子1个长针结束整圈工艺,如图4-23(9)所示;

第十圈:在每1个圈上钩4个辫子,短针固定于下一个圈顶端,由此1个循环单元是4个小圈,循环5次,共24个圈。参考符号图4-23(10)。结束绿色部位的全部工艺,换不同颜色线,准备下一部位的工艺;

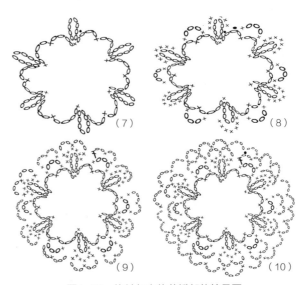

(7) (8) (9) (10)

图4-23 钩针包立体花瓣部位符号图

第十一圈：开始换线，3个长针，2个辫子，再3个长针。3个辫子以短针固定在上一圈的波浪针之间，再3个辫子，以上为1个单元，重复5次，如图4-24（11）所示；

第十二圈：5针长针后2个辫子，再5个长针，4个辫子，以上为1个单元，循环5次，如图4-24（12）所示；

第十三圈：5针长针后2个辫子，再5个长针。3个辫子以短针固定在上一圈顶端，再3个辫子，以上为1个单元，按此循环5次，如图4-24（13）所示；

第十四圈：5针长针后2个辫子，固定在上一圈两针辫子孔上。再5个长针，3个辫子固定在上一圈顶端，再3个辫子，以短针固定在前一圈中心，再3个辫子，以上为1个单元，按以上循环5次，如图4-24（14）所示；

第十五圈：对准上一圈，每孔1针短针。整圈在六个方向多加1针短针，如图4-24（15）所示；

第十六圈：换不同颜色线，每孔1针短针；

第十七圈：再换不同颜色线，每个孔1针短针。圆形包包一个片完成，共钩2片。

钩针包侧面全部短针，与圆片缝合也是短针连接。注意，正面对正面以短针缝合，如图4-25所示。

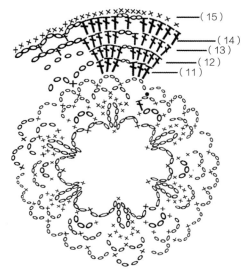

图4-24　钩针包褐色部位符号图

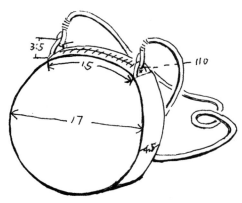

图4-25　钩针包成品尺寸图

第三节　钩针披巾设计与工艺

从钩针织物角度讲，长围巾和三角形披巾形状为佳，既实用，又美观，具体介绍如下两款。

一、钩针长围巾

图4-26这款围巾由方花组合而成，长142cm，宽14.5cm，两侧流苏共14cm。一排2个方花，两侧有花部分是6排，中间无花部位9排，有21排，共计42个方花。在这里先将方花符号图展示，然后，介绍缝合方法与流苏的编结。注意：此方花上面有一层是立体的，下面为平面。

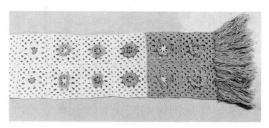

图4-26　钩针长围巾成品图

1．方花钩法与步骤

第一圈：3个辫子，汇合成圈。如4-27右上图，实心黑点表示固定成圈，直接在开始的第一个辫子圈中引出的技巧，故称"引拔针"；

第二圈：开始4个辫子，前两个辫子等于一个长针，后两个辫子是长针与长针间的相连，反复7次，共8个孔。之后，引拔成圈，如图4-27右上图；

第三圈：在左第一个孔中，2个辫子、2个长针，再2个辫子，为一个单元，反复7次，共有八个花瓣，引拔针合拢；

第四圈：在每个花瓣后面钩5个辫子，引拔针合拢。为平面钩法做准备；

第五圈：看4-27右下图，将2个辫子钩在圈内，接着3个长针、2个辫子，此为一个单元花瓣，反复7次，最后一个花瓣以长针结束，共有8个大花瓣；

第六圈：如图4-27左图。引拔针回到第二针与第三长针间，钩2个辫子作为立柱，2个长针，2个辫子，之后，钩3个长针于下一个花瓣中心。再2个辫子，再下一大花瓣的第一针与第二长针间，钩3个长针，2个辫子。以上为一个单元，即A到D。再重复3次，刚好形成A、B、C、D四个角；

第七圈：这时四角不明显，在这一圈，同样的钩法，只是在四角之间多钩一组单体的三个长针，见图4-27右图；

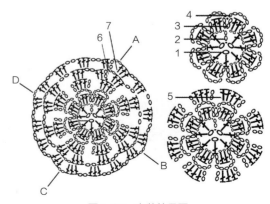

图4-27　方花符号图

第八圈：这时四角方形逐渐明显，在这一圈，还是以同样方法，只是在四角之间多钩一组单体三个长针。四角仍是双体三个长针。

特此说明：图未表示第八圈。A、B、C、D四个角都是三次双体长针。

注意：方花换色请注意色彩搭配的协调与美观。

2. 无立体花部位的钩花工艺（图4-28）

围巾中心是完全白色的部位，无立体花型，共8对，16个。此方花共6圈，中心第一圈3针辫子，第二圈形成四个方向十字形的单体3针长针立柱。第三圈开始拉出A、B、C、D四个角，并且是双体长针，第四圈A、B、C、D四角间就有一组单体3针长针。到第六圈在A、B、C、D间就有四组单体3针长针。双体是指在一个空隙中有2组3针长针。

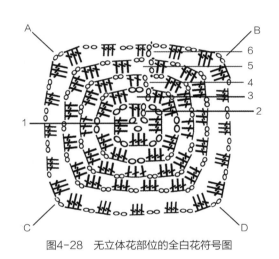

图4-28　无立体花部位的全白花符号图

3. 缝合针法、顺序与流苏制作

两方花的具体缝合方法如图4-29，对准方花边缘的辫子形，缝针穿过两片辫子中间。再从底下进入前一对辫子中，每一次都是相同的方法。缝合顺序参考图4-30，具体步骤如下：

第一步：先将1、3、5、7和2、4、6、8连接成两个长条，注意围巾起始和结尾花色的对称感，之后再将两长条连接；

第二步：两条连接后，在上、下连边空隙间钩短针，使得边更加圆顺，外观没有缝迹；

第三步：流苏制作如图4-31，先将流苏线裁剪好，每次拿同样的根数穿在一个孔中；

第四步：挂流苏，流苏长度约14cm，双折后需加2cm，如图4-31操作，注意两个流苏间距相等。

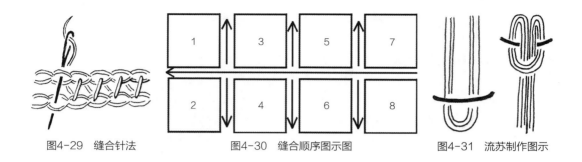

图4-29　缝合针法　　　　图4-30　缝合顺序图示图　　　　图4-31　流苏制作图示

二、三角披巾

　　三角披巾是钩针织物中最漂亮和优雅的代表形制，尤其配上流苏，时而紧密，时而稀疏，是钩针三角披巾独有工艺所赋予的美感（图4-32）。这条三角披巾由6部分组成，如图4-33三角巾平面图。先把（1）和（2）两段紧密长针和方格分别钩好，之后钩（3）和（4），而后合成，再钩花边与流苏，具体步骤和钩法如下。

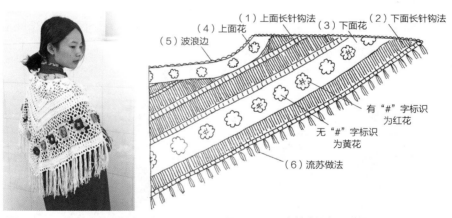

图4-32　三角披巾效果图　　　　图4-33　三角披巾局部平面图

1．上面长针和方格的钩法

　　最上段密集的部位：三角一侧59辫子针+中心5辫子针+另一侧59辫子针，共计123针辫子作为上面密集长针和方格的起头，参考图4-34三角披巾符号图。到第二次方格后的长针钩到一半位置停止，在两端再钩第一排10cm和第二排7cm长度，使其构成有弧度的造型，更适宜披带。

注意：图4-34符号图中针法数量不足，由于钩法相同，在此省略。

2. 下面长针和方格的钩法

下段密集部位也参考图4-34，斜线
一面168针辫子；中心针5针辫子，另一面
168针，共计341针辫子。参考图4-34三
角披巾符号图，由于相同钩法，符号图数
量简略，以文字数量起头为准。

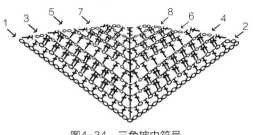

图4-34　三角披巾符号

3. 下面花钩法

下面钩花有两色，带有黄色花的钩花符号图，如图4-35所示。对于钩花已经基本
掌握，所要注意的是第五圈，要将上一层六个花瓣分成八个孔，为第六圈做好准备。图
4-33三角披巾平面图中黄色钩花共8个（无#字符号的是黄色）。

红色钩花的符号图与黄色不同，只是在斜对角多钩了几针，具体如图4-36三角披
巾下面红色钩花符号图。前六圈相同。红色钩花共9个。中心一个两侧各4个（有#字符
号标识的），如图4-33三角披巾局部平面图。

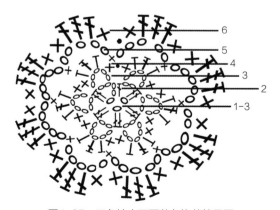

图4-35　三角披巾下面黄色钩花符号图

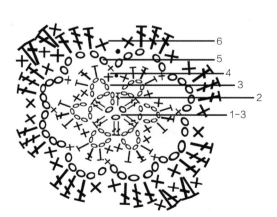

图4-36　三角披巾下面红色钩花符号图

4. 上面花钩法

此钩花为白色线，如图4-37三角披巾上面白色钩花符号图，具体步骤如下：

第一圈：3针辫子；

第二圈：3针辫子、1个长针，再3个辫子为一个单元，重复3次，最后一个以长针结束；

第三圈：在四个花瓣后面分出六个3针辫子孔，为下一步做好准备；

第四圈：1个短针、3个长针，再1个短针为一个花瓣，重复5次，共6个，结束白花钩编。

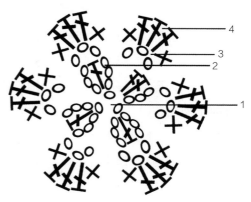

图4-37　三角披巾上面白色钩花符号图

5. 连接下面钩花（参考图4-38至图4-39）

▌**1** 连接下面红花

第一步：先从红花外围左侧开始向上钩3针辫子，每一折线3个辫子，左上角两个3针，构成一个转折花瓣。之后向下钩1个长针落在开始点。线头在上，六次3针辫子，线头到左下花瓣长针上点，其余连续以相同方法链接即可，如图4-38所示；

第二步：如图4-39由A点开始，每一折线3针辫子连接黄色花，同时连接红色花直下至B点后左行，在B点前1个点，先1个长针，3针辫子，才到B点，再3个辫子

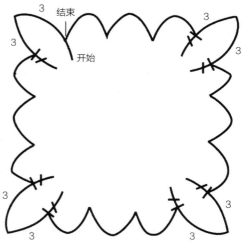

图4-38　三角披巾下面红色外围连接走势图

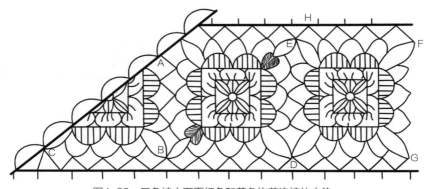

图4-39　三角披巾下面红色和黄色钩花连接的走势

1个长针，才能左行至C点，之后，1个长针后再向右行，至中间D点，还要如前所述才能向上，才能到E点，都是如前所述方法才能右行至F点，再直行至G点，左行至D点，右下转至G点，其余花均以相同方式连接。上面F点到H点可以待花全部花链接好，一次性从H到F点，再继续右行连接全部横折线。

2　连接上面白花

第一步：参考图4-40，从A点6针辫子针起头至B点，直下至C点后右行，至D点，上行至E点左斜至F点辫子针结束，完成第一朵花的连接；

第二步：由E点开始斜下3针辫子针1针长针直下至D点，右行至G点，上行至H点，6针辫子针至I点，完成第二朵花连接；

第三步：同理完成其余7朵花的连接；

第四步：从J点开始以3针辫子针连接9朵花，完成；

第五步：B点向E，再向H点间，每个3针辫子针链接，为波浪边做准备。

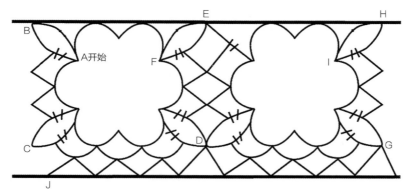

图4-40　三角披巾上面白花色外围连接走势图

6. 波浪边

参考图4-41三角披巾上面白色花边符号图，沿白色钩花上部横线钩波浪边，1个短针5个长针尾一个单元，不断反复。

图4-41　三角披巾上面白色花边符号图

7. 流苏

每个流苏用三股纱线，25cm对折，参考前述流苏制作工艺图制作三角披巾流苏。

第五章

钩·编创新设计与成品分析

第一节　钩·编手链、项链工艺与成品分析

项链创新设计包括材料选择、珠子形态与搭配、结法创新三个方面。

图5-1和图5-2两款主件都是景泰蓝材质，图5-1主件为长管状，中心略突起，线条变化含蓄，旁边的钴蓝色圈结夹着黄色"套箍结"，是编结法中最难学会的，却也是最好看的，并且是遮盖弥补最好的结饰方法。

图5-2手链夹扣与中心配饰选择的是景泰蓝材质，精致、华美，无不增添高档的效果。

图5-1　景泰蓝圆柱结手链

图5-2　中国结饰景泰蓝手链

图5-3是一款以椭圆青花陶瓷片为主件的应用设计，两朵青花牡丹呈现怒放状态，给画面一种祥和盛态。色彩上采用对比色，链绳的红色与青花色彩相对应，主要采用圈结、圆柱结和单瓣结组合运用，间以青色陶瓷珠，以平结结尾。链绳的编结形态与主件青花的形态相互映衬，简约

图5-3　青花瓷片手链

而不失精致。

　　图5-4青花项链创新作品的独特之处在于瓷片的图案内容，山水青花彰显了中国国画的艺术魅力，突破了其他吊坠的内容与艺术格调。"项心"珠子选择土黄色与青花瓷片对立，周围的编结选择赭石色，以强化土黄色系的对比，突显山水青花之美。"项心"周围编结以"蛇结"本身的立体感和曲线绕法综合，获得独特的艺术感染力。

　　图5-5为瓷花项链创新作品，首先吊坠选择粉绿和粉红相间的花状，形态具有女性柔美特征，瓷质感的光泽增加高档的感觉。配件和链绳的色彩与之相搭配，绿色72号玉线将两侧粉色"侍珠"衬托得娇嫩无比。"项心"设计以红色、黄色、绿色"圈结"，带子选择墨绿色，更显示中国艺术的风貌，结法简洁大气，配圆圈结显得通透、玲珑。巧妙之处在于其色彩及编结手法又延续到"侍珠"上、"侍珠"下面的红色圈结编结，犹如花萼般美丽。流苏选用3股橄榄绿色锦纶线，既是主干绿绳的延续，又提高了亮度，增加了女性项链色彩亮丽的审美需求。

　　图5-6项链结构简洁，主要创新之处在于主件形态多层次的花形，两侧"侍珠"是长长的造型，打破常规圆珠形态，两侧黄色"侍珠"延续"项心"黄色珠子的美感，从而获得创新的意蕴。

图5-4 青花项链创新作品

图5-5 瓷花项链创新作品

图5-6 青花项链创新

　　图5-7藏银项链设计是一个系列产品设计，包括项链和耳饰及腕上手环。这款项链属于双开式结构设计，中心吊坠选择藏银，其上红珊瑚是藏饰典型的艺术特色。其他珠子选用了深蓝水晶珠，既突出红珊瑚，也衬托了藏银。并且下面水晶珠是由小渐大，还搭配了黑色三角珠料、水滴形深蓝水晶珠子。这一款项链双开的大环上用浅蓝色"云雀结"缠绕，醒目而突出，褐色绳编又有浅赫红和深蓝珠子过渡，既柔美又有铿锵的美感效果。

　　图5-8款项链是在吸收中国龟背结和凯尔特人编结艺术基础上进行创新设计的，这款是前、后装饰的项链，图5-9是龟背结项链前面佩戴的效果照。这款项链主要以"圆柱结"穿少量红陶珠，构成一个重视缠绕结构的结饰作品，充分彰显凯尔特人编结的特色。

图5-7　藏银项链设计　　　　　　图5-8　龟背结项链　　　　　图5-9　龟背结项链佩戴效果

　　图5-10是两款藏银吊坠，色彩均以深蓝色和大红色的72号玉线搭配，尤其左边款式，中心红珠设计巧妙，下面突出中心流苏，两侧选择比中心珠小的搭配。由此，中心大红珠子突出，包括"项心"珠也没有设计成红色，无疑都是为了突出中心珠。

　　图5-10的右款，藏银线条流畅、精美。周边以红色珠饰衬托，更显华美。深蓝色绳编选用将藏银和大红色烘托得无比光亮，上面小白珠的设计，将坠饰视觉中心上提，又选淡粉色珠子，增加了色彩层次，甚是巧妙。

图5-10   藏银项链设计创新

第二节   钩针包工艺与成品分析

钩针包的创新设计主要有三项：钩花工艺、色彩和谐、配件精美且与包体搭配协调。图5-11钩针包选用混纺毛线，质感松软。包的造型是一款很实用的桶式钩针包，包底是标准圆形，全部短针，结实、牢固。桶身开始钩松叶针针法。以深蓝色、绿色、浅黄色、橘黄色、大红色为单元换色，重复两次。之后又是短针收口，到中间高度，留出洞孔，穿"辫子针"带收紧。两侧还有枣子针钩法的宽带，毛球点缀其中，钩针包整体效果色彩丰富、漂亮灿烂，适合年轻女孩使用。

图5-11   桶式松叶钩针包

图5-12是一款结构奇特的钩针包，由三片方花和四条二方连续图案组成一片，两侧卷着成型。色彩颇有波西米亚风格，木制扣和皮带子更有返璞归真的艺术感。

图5-12　五片钩针包

图5-13　手提小筒篮

图5-14　筒式钩针包

　　图5-13和图5-14是两款小型手提桶包，包体钩法都是较简单的短针法，而在包体外钩出精致且色彩缤纷的花装饰，煞是好看。图5-13可以装些小女孩的小玩具，而图5-14是大女孩用来装化妆品的包，包体外围拢的花色彩给人一种柔美可人的艺术感，里衬是有光泽的柔和的面料，很实用。

第三节　钩针围巾、帽子工艺与成品分析

　　在这里我们先来看图5-15的围巾设计，这条围巾的特色是利用钩针和棒针两种技巧合成的作品，钩针易于换色，作者利用了这一优势，在围巾一侧黄色、蓝色、砖红色交替钩针花样，到脖子一段用棒针手织，柔软，针法单一，更有设计感的是将针数等分为三份，分别织，之后编成辫子，成为系结后的插入口，构思巧妙，令人赞许。

　　图5-16是纯粹的钩针工艺围巾，以方花为基础，成串缝合，又钩边饰彩条，系上流苏，使之有完整的围巾结构，配色碰撞，白色烘托，柔美和谐。

　　图5-17钩针帽子是以圆钩花为基础，扩展成贝

图5-15　钩针和毛织结合的围巾

图5-16　钩针围巾　　　　　图5-17　钩针帽子　　　　　图5-18　钩针帽子

雷帽式样，帽顶采用钩针工艺，有通透的感官效果，适宜春秋微微凉爽气候佩戴。

　　图5-18也是一款钩针帽子，标准的六角贝雷帽。全部短针工艺，紧密、厚实。在帽顶稀稀落落地点缀白色珍珠，中心有一朵白云和三色彩虹以及两颗帽本色钩针坠饰，给帽子增添女性的浪漫与遐想之意境。

附录1

常用编结结法1

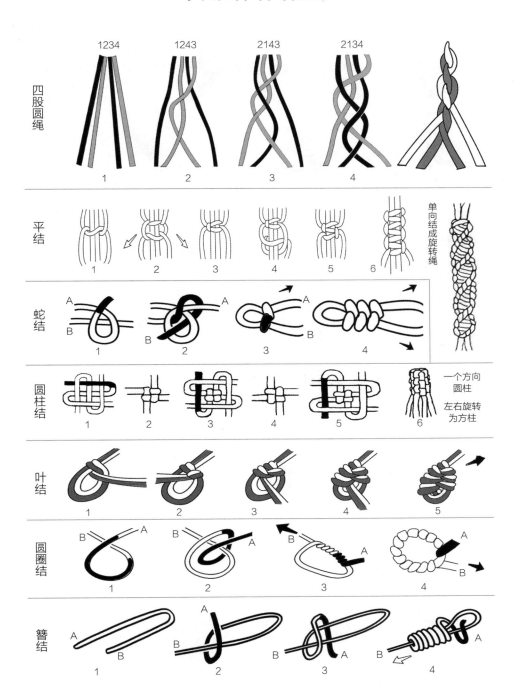

附录2

常用编结结法2

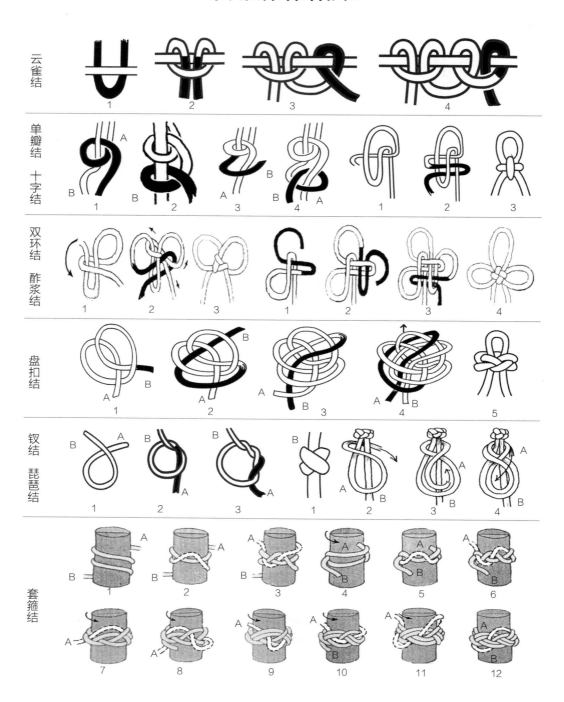

云雀结

单瓣结　十字结

双环结　酢浆结

盘扣结

钗结　琵琶结

套箍结

附录3

"中国结"基础结法

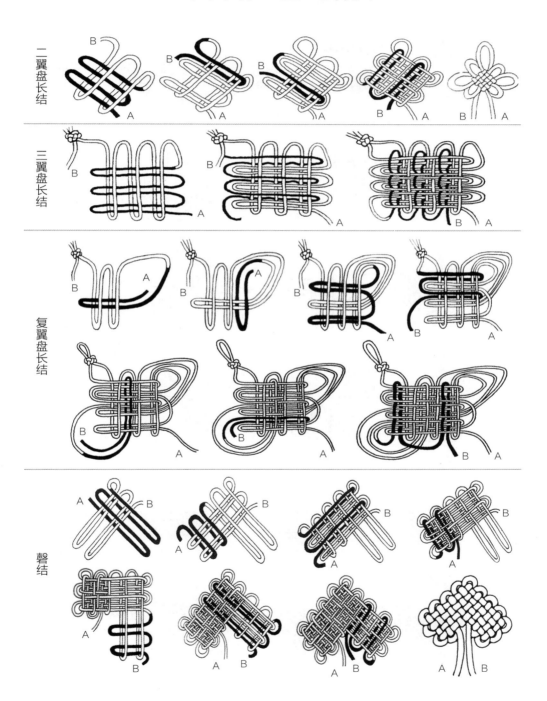

一翼盘长结

三翼盘长结

复翼盘长结

磬结

附录4

钩针步骤与符号表示法1

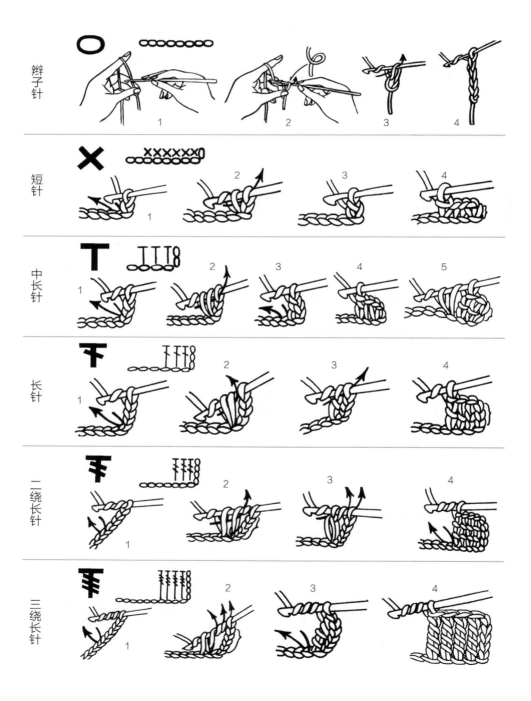

附录5

钩针步骤与符号表示法2

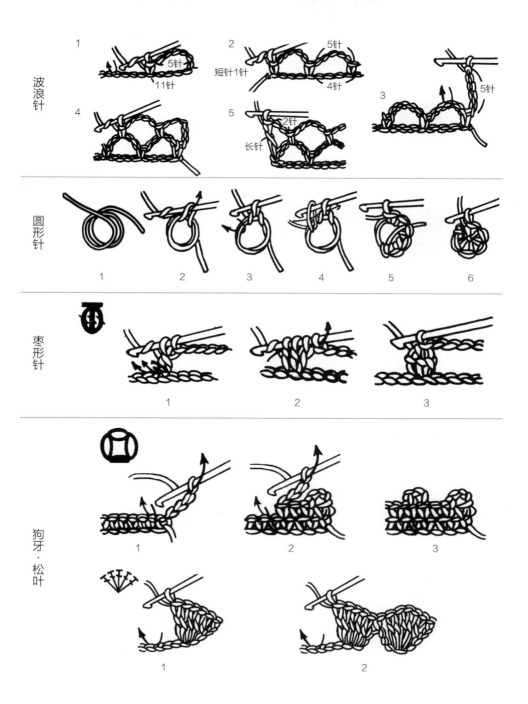

贝壳针

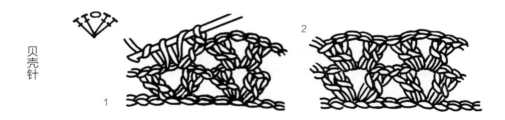

彩　图

§ 左右两款选用
中国结线质
初学者最基础练习
折线开头一路蛇结
只在中心一个龟背结

§ 圆圈结起头加两根黑折线
之后六根圆柱结
叶形中心4根黑线做平结
两边两根线均为云雀结
六根72号玉线穿过陶珠
中心两个蛇结分割珠子距离

§ 右图下面两款珠子两侧均为圆圈结夹一个
"套箍结"
此搭配是首饰绝配手法
必须熟练掌握提高技巧

§ "琵琶扣"是传统扣结经典之作
　以此为设计点弥补饰珠略小之不足
　绳链密　扣结疏
　两种材质　两项对照
　相互映衬　相得益彰

§ 左侧黄色和褐色拼色"扣结手链"
　继承传统扣子结法
　绳链每边3根"单瓣结"编结
　"云雀结"环绕着青花珠
　一首古朴的旋律回响于手腕

§ "云雀结"缠绕珠饰
　"云雀结"聚集成扇形
　"单瓣结"串联成菱形
　"平结"延伸至后
　形态多变、比例协调

§ 泥土吐冷艳
　炽火青花炼
　披帛红霞仙
　腕上青花链

§ 青花是月之皎洁
　是雾之烟霭
　是巧之天工
　是韵之清雅

§ "圆柱结"链绳并无奇特
　湖蓝色"簪结"与
　景泰蓝主件遥相呼应
　饰尾卡扣更显精致

§ 高档绳质烘托着
　玛瑙石晶莹剔透
　精致单瓣结
　完美融合为真谛

§ 同样的单瓣结
　而是由珠相伴
　镶嵌水晶卡扣
　别有一番风韵

§ 蓝、黄、红色比例节奏分明
　主调蓝掌控全局
　黄色肆意洒落
　红色点缀调节
　无滥用之笔

§ 单瓣结、平结、云雀结
　相互交错、包容内外
　奇妙地呈现在这款山水青花上

§ 形如环有一缺口称为"玦"
是古代佩玉的一种
表示决断或决绝之意
绳上有黄绿两枚方胜
饰尾有三颗水滴玛瑙
三绕的"套箍结"装饰
瓷片中翠鸟嬉戏荷塘
增添无限的富贵气

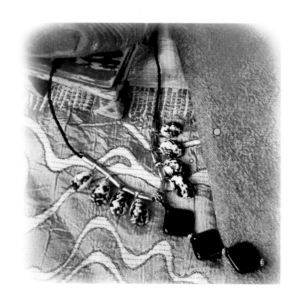

§ 此项链绳子编结无奇
中心两侧的黑白图案
竟然是天然贝壳
堪称鬼斧神工之作

§ 瓷片形制如意
　如意最早为兵器
　自带辟邪之意
　作为项链佩戴胸前
　符合中国人的审美需求

§ 牡丹称为国花
　绳链色彩取瓷片中色相
　流苏设计渐变的串珠
　怎能不令淑女有倾城之美

§ 淡淡粉红与绿瓷花由墨绿绳搭配
　粉红"侍珠"呈灯笼形守护
　"项心"红色、黄色、绿色过渡到珠子
　橄榄绿流苏分解了大红的火辣
　犹如柔美的音符弥漫整个空间

§ 它带着
　素雅、宁静
　从山中走来
　它是一束青玫瑰

蓝松石红珊瑚是藏饰经典元素
象征吉祥如意幸福快乐
犹如雪域高原的风
噼噼啪啪地敲打
打磨出藏银的精美绝伦
仿佛可以看见旌旗还在飘展

此款是前、后均有装饰编结的项链
全链绳只有圆柱结一种结法
只通过绳绕的路径呈现编结的魅力
尤其后背构思融入了"凯尔特人"
的编结风格
大红陶珠编结在土黄色加入金线的
"圆柱结"中
像颗颗红豆洒落于闪烁织锦上

人类从远古走来
　凭借着手工智慧与信念
　从一个农业国迈向现代工业国
　有些领域无法以机械化代替
　华夏民族文化源远流长
　古老的工艺流传至今
　我们秉承继承创新
　与时尚融合的理念
　交给下一代

坠饰不对称
　绳链需对称
　艺术平衡之美
　设计者慎思

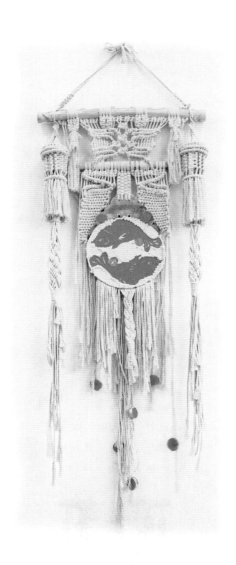

§ 木雕与棉质绳是绝配
左侧色彩若稳重
也是不错的作品
很是遗憾
设计者需全面考虑色彩
与主题的关系

§ 木雕人物如酋长
一声哨响
全部落人倾巢出动
奔跑中兽皮裙如旋风在舞动
击鼓声此起彼伏
裸体上文身在扭曲
手中刺枪在血泊中挥舞

§ "年年有余"是中国吉祥用语
　以谐音象征手法表达对生活的期盼
　作者正是抓住这一创作理念
　表达出中国人对生活的态度
　希望年年有结余，月月有鱼吃

§ 上部绿色追求立体感
　下部则是舒缓中结束的小夜曲

§ 此璧挂简洁明朗
　色彩对比强烈
　蝴蝶型"单瓣结"硬朗
　上部与下部流苏柔软相托
　是一幅不错的小品

这三幅壁挂形式鲜明
主件塑造形态突出
此为任何创造的根本
不可喧宾夺主
有序计划设计手法方为重点

§ 左侧壁挂看似乱中张弛有
　度、收放自如
　放眼望去原始意味浓厚
　设计师做到此种意境
　实为难能可贵

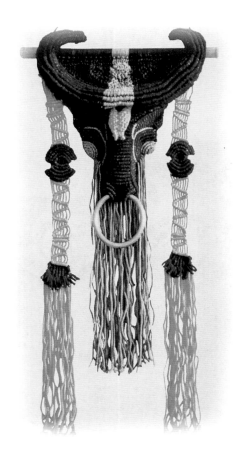

§ 这幅壁挂技巧难度大
　牛头每一局部都是立体的
　形制逼真，色彩独特
　编结手法虚实相间
　头部为实，两侧粉色为虚
　铜质环将作品推向完美

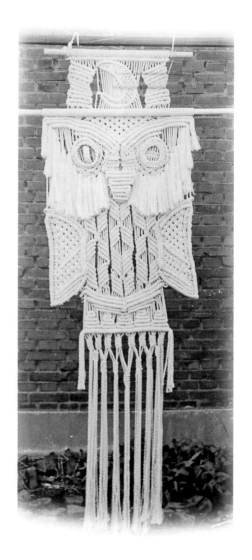

§ 连续"平结"编结
　尤其大面积情况下
　定有收缩感
　壁挂上部"单瓣结"膨胀
　而中心经纬交叉也有收缩效果
　两侧装饰到中心有粗度与硬度
　如此平衡了视觉的遗憾
　反而做到软硬兼有虚实相间
　这也是壁挂设计的基本原则

§ 这是一幅塑造动物为主题的壁挂
　两部式结构更突出了上部的月亮
　下部是主题猫头鹰
　壁挂形式做写实型比较困难
　可概括成抽象的几何形
　此款壁挂基本做到这一点

§ 同样是塑造牛的作品
　这幅牛角利用塌陷的方法
　牛鼻孔以两粒木珠表现，巧妙至极
　用快干漆喷涂木珠连同吊棍
　牛面部用另一根绳在乘直线上绕"单瓣结"
　便呈现竖线条的"单瓣结"效果
　牛头上部"单瓣结"也是另取一根线
　但是横向做内芯编结而成
　以散开的棉质线手法
　展示胡须或毛发
　与坚硬的"单瓣结"
　形成艺术常用手法——对立
　没有对立便没有艺术

§ 变化细腻的虎形是刺绣手法
　事前在网格布上绣好缝制干壁挂
　本壁挂最上部也是这种方法
　可见手缝针走针线路
　创新思维——综合多种艺术技巧

上图是"明挂线"
直接一排"云雀结"
起头先在吊棍上钻孔
而后"云雀结"挂上十二个环
此法称为"暗挂线"

此壁挂中心由椴木菜板雕刻而成
左侧外轮廓为太阳形，右侧则为半月形
内容分别是人脸的正、侧面，搭配冷
绿色
单瓣结与平结背景
表达了不同方位看世界的理性认知

壁挂上部有铁圈在内
中部两个形似海螺内有铁圈
其余全部是编结成型
此款壁挂追求大海运动中的曲线美
海螺漂浮于沙滩的感官印记
生活是创作的源泉
观察是灵感的起点
被感动乃创作的原动力

壁挂上部是"龟背结"
其他结法都在常用编结法中
认知壁挂结构
中心主题 前后层次 两侧相依
竖向排列吊棍称为串联
横向排列吊棍称为并联

§ 广东白云学院学生尝试
钩针包的制作

§ 广东白云学院开设了"服饰品设计与
制作"课程
将编结技巧以实用的编结包实践
体现了白云应用型大学的宗旨

§ 当时我国改革开放多年
各设计专业如雨后春笋
各国艺术形式和风潮融入国内
北欧壁挂在这种大环境下传入

§ 课程结束举行了一场作品汇报
　　每位同学整体配套展示自己的作品

　　这是广东白云学院学生作品
　　采用钩针技术钩制而成
　　同学们都是第一次拿钩针

从那笨拙的动作到
较熟练的针法变化
我无比欣慰
右图包是方花连接成型
再将木把手钩缝
上拉链缝里布——完成

§ 这款是选用较粗的线钩制
　　包底是椭圆形短针钩法
　　包身是变化的短针法
　　针插入前两行位置钩出

§ 只有右下图是编结包
其他三款都是钩针包
值得一提的是左下图
"单元花"是六角形
其美感优于方正形
"单元花"形何等重要不言而喻

§ 上图和左下图都是钩针包
　右下图为编结包
　同是钩针包
　右侧的钩针包单元花是菱形布局
　显得比方正单元的钩针包活泼
　注意思考观察这一点！

§ 右下编结包圆形把手又有新意
　"平结"和"单瓣结"
　凸凹相衬刺激视觉

§ 图中圆柱钩针包配色雅致　　继续长针6、7个
　三个色阶明朗而均匀　　　　于原位置将长针弯成圈
　钩法简单　　　　　　　　　继续长针
　包身为一片　长针到底　　　包侧两片圆形
　任意隔一段距离　　　　　　全部短针紧密结实
　在前挑出一个圈当内芯

§ 钩针技巧最大的优势是
　便于换线，图案规律
　可大可小，随机灵活
　谁理解和掌控了其中
　的奥妙——
　便可得心应手去创造

§ 汉堡下午茶钩针包创意有趣
　　上下两个包 还有一定容量
　　女孩装个口红和润手霜还是可以的

§ 钩针包换线方法
　三四种不同色相线只选一种在表面
　其余连同鱼骨线做内芯钩在其中
　根据图案需求拿出那根做外钩线
　注意鱼骨线控制在0.5mm到1.5mm之间
　根据毛线的粗细来确定
　过粗会导致毛线包不住内芯而外漏

§ 这两款包也是钩针包
　只由一种长针钩制而成
　一对流苏将时尚转换为传统
　技巧简单实用结实

$\S$ 立体花延续设计
　三花连成包体
　中心换色长针
　一个毛球为扣
　一个方形花做包盖

$\S$ 编结最高水平
　找不着开头
　看不见结束
　跟踪——
　跟到无影无踪

此图小包
材质特殊
中性色彩
搭配柔美
一个金属夹
也算完关收官

圆形包的优势
不必拼接独立花
包口大易于使用
只要每一圈合拢
宽窄转换节奏
随其色彩变换

§ 如秋醉人
　酥脆的秋叶在你脚下
　爆出声响
　仿佛触摸到美的意境
　那是暖暖的色调
　令你心灵震撼

§ 夜的静谧
　如失去了生气
　唯有温馨的暖色
　始终眷顾她的存在
　暖色是生灵
　暖色似爱人
　暖色似通达心的轨迹
　沿着这特殊的轨迹前行
　一定会有期盼出现

有花的生活
温馨 悦目
笨重的步伐
便将轻快
郁闷的心情
畅快起来

女人是花
花也是装饰女人最好的手法
学会钩一朵花送给自己
也送给周围的人

美与实用是设计师
一生的追求目标
个性必须建立在实用上
称为"好设计"
只是一时的刺激
那是昙花一现
久而久之淡出视线
人们不再追捧

回忆的幕布展开
　一位热爱舞蹈的学生
　当我把相机对准她
　站姿尤其不同
　针织包让她背上
　犹如音符在跳跃
　美不胜收

个性的面孔是内心的反射
　它是艺术　它是流年的痕迹
　人生不经意转眼百年
　无须猜疑
　如刀的皱纹诉说着岁月

素雅　恬静　绝无张扬
　永远走在柳树如茵的地方
　它与生俱来　灵魂安静
　浮躁与它无缘
　怪异从不关注

§ 玫瑰　芳香　谁的嗅觉强大
　世上　时尚　享用奢侈的人
　羡慕你的嗅觉如此敏感
　分享给世界吧
　谁是分享幸福的人
　我　一位设计师

§ 桃红色是玫瑰色的表妹
　它妖娆 性感 诡秘
　把握色彩的象征性
　设计便成功了一半
　各色蓝是它的绝配
　你只需控制明度与纯度

§ 黄色系列似大地的颜色
　也离不开绿色植物的点缀
　否则
　黄色便成为荒凉的象征

♪ 文若其人
　艺术创作也如此
　有火辣的色调
　似宣言的高品
　不乏抒情小调
　更有摇滚的个性张扬

§ 人类对自然和世界的认知
　从几何形开始
　各国岩润壁画
　几何形的堆积

印第安人迷恋三角图像
三角形对称排列为菱形
还有动荡的折线
成为美洲艺术的灵魂

§ 艺术的震撼
　不在作品多大
　小小的流苏
　几朵小花的点缀
　足以令人青睐

§ 时尚不是复杂的堆积
　精彩仅需要细节的点缀
　有人说女人的不同在于气质
　那么每件设计作品也有气质
　设计师追捧什么气质
　这是每次设计预先思考的问题

§ 每件作品都有自己的追求点
　不是所有美都能在一件作品中展现
　作为设计师的你需要慎重思考

§ 肌理感是人本能的心理反应
　设计师从何处抓住消费者的眼球
　造型、材质、色彩、配件、实用、艺术
　手法
　不能顾此失彼，上图包身小，手柄大，
　比例失调。

§ 关于配件
　很多作品失败在链条等装饰配件上
　此包金属链"量感"足

切忌包带或手柄之
"分量"与包的分量不匹配
设计也包括与配件的和谐

§ 在此谈作品的"量感"
　"分量""重量"
　具有一定厚度和体积感的
　具有分量的物件
　上图钩针包上的玉佩以及流苏
　过于单薄
　"量感"在设计中至关重要

§ 此钩针包以方花为基础
　四条二方连续图案构成包身
　一条宽带系于木扣
　设计者戏称
　"波西米亚"彩包

§ 此钩针包灵感
　来自天坛造型
　包底为圆形
　三层穹顶
　前有匾额
　很有创意

§ 提高包的档次
　包底利用平结
　易于编出三角形
　包内收尾仍是平结

§ 此编结包采用2.5mm直径棉质线
　包口挂"云雀结"
　接下来是"平结"
　巧妙的是平结绕成圈凸起
　菱形编结参考手链结尾
　菱形中的颗珠子与手柄呼应

§ 此包适宜少女
　如彩虹般灿烂
　像甜美的水果
　似梦幻的魔方
　磁力般吸引眼球

后 记

各位读者们：

　　你们好！服装美的创造不是纸上谈兵，只有潜心学习各种技能，才有灵感不断涌现，超越他人，这就是我要说的工匠精神。只有日复一日的做，才能积累无数的智慧，绝不是纸上可以获得的。世界大师全部是动手能力极强的工匠。中国需要这种精神，更需要这样的人才。中国服装需要精工细作，缺少经得住推敲的作品。回顾西方新古典主义时期女装在白棉布裙外有钩针披巾，更有精致流苏小包，比比皆是，一直到后来的查尔斯、费雷德里克、沃斯，都继承了串珠流苏缝制于女装上的技术。20世纪80年代秋季发布会上，卡尔拉格菲尔德·耶洛，以红、黑裙子为基调，全身贯穿夸张的银饰项链分割，成为该服装的精华，已经给我们做出了榜样。现在广州有的企业也在思考重新定位，融入手工钩针技艺，由此说明，中国市场已经萌动对饰品、手工的关注。女装经典之作，需要将饰品与服装有机结合。编撰该书的目的，也在于中国经济的腾飞，预示着中国女装经典与细节设计时代的到来。

　　我编结教学的历程始于18年前，领着吉林艺术学院设计学院装饰专业的学生进行壁挂摸索，后来又有惠州大学服装学院纺织品设计专业学生的实践教学作品诞生，还有近期广州白云学院服饰品课程中学生大量实用钩针包、编结包和围巾等作品，他们付出了辛苦，在此一并表示感谢。我和杨旭老师前前后后又忙了两年多，从经济角度而言一无所获，对于时间和精力则倒赔无数，二十多年的积累与沉淀，完全出于对中国传统文化的热爱，以及对华夏民族文化传承的责任与精神，换言之，是一种情怀的表述，望同行批评指正。我们献上绵薄之力，为培养有工匠精神的后生而不懈努力，渴望这种抛砖引玉带来中国服饰行业的再次腾飞。

作者